常世の舟を漕ぎて

熟成版

語り　緒方正人
編著　辻　信一

石牟礼道子と。新作能「不知火」奉納上演を前に（撮影・芥川仁）

神話の海へ

石牟礼道子

それをいうとき正人さんは羞《はにか》んだ様子になった。

「じつは木の舟ばつくりよるとですよ。村にはまだ内緒ですばってん」

認定申請をとり下げて以来、なにか容易ならぬことがこの人の心に起きているのを感じていた。若い支援者が来て、

「正人さんが、鯛網の仕かけの時にひっくり返ったそうですよ。見舞に行ってみたら、手足を突っぱって痙攣《けいれん》して、じっさいに見れば、恐ろしかですねえ」

と言ったことがあった。

おだやかに目をしばたたいている表情を見て、起きあがれる方角を探し当てつつあるのだと思い、わたしは何かしらまぶしかった。

話を聞いているうち驚くべきことを知った。もの心ついて以来、一度も木の帆かけ舟を見たことがないというのだ。今の舟はみなプラスチック船だったのか。少しはプラスチック製だそうである。してみれば沖に浮いているのはすべてプラスチック船があるかもしれないが、多くは木の舟だとばかり思いこんでいた。これはわたしには深い衝撃だった。そうか、日本はそうなってしまったのか。

リサイクルショップの店で度々見かける、職人たちの手道具の山が胸をよぎった。家電器具の間に山師さんの大鋸《おが》や手斧《ちょうな》、大工さんの鉋《かんな》や曲り尺、左官さんの鏝《こて》のいろいろ、鍛冶屋の大鋏《おおばさみ》、石工の鑿《のみ》や玄能《げんのう》等が錆をふいて、かえりみる人もない。あの中に舟大工の手斧もまざっていたかもしれない。

せきこんでたずねた。

「舟大工さんの、よう居んなさいましたねえ」

「はい、それが運よく見つかって。造船所の親方のおやじさんと、うちの死んだおやじがつきあいだった縁で、親方が舟大工さんば見つけてくれて。はじめ木の舟ちゅうことば言うた時、たまがらしたです。今どき、木の舟つくる者はおらんですし。話すうちわかってくれて、引き受けてもらいました。プラスチックはもとはチッソがつくり出した品物ですもん。海のゴミとおなじのごたる気のして、舟もですね」

海の上の溶けないゴミとしての船、とは言っても、その船でなければ現実の漁は成り立たなくなっているのだろうが、強化プラスチック船より効率の低い木の舟を、わざわざつくるという気持は痛いほどわかった。木の舟に乗らなければ、たどりつけない所があるというわけだろう。

「常世《とこよ》の舟、ち、書いてもらえんですか」

ああそこへゆきたいのかと納得した。一族全て、死神たちの世界に引きずりこまれてきた人なのである。わたしは祈りをこめて書いたが、自信のない字になった。

思いがけず舟下しの招待を受けた。水俣から海岸を伝って北上すると、正人さんの村へゆく手前に、津奈木の大泊《おおどまり》という漁村めいたところがある。造船所は、向こうべたに水俣の湯の児が見える磯辺にあった。五月だった。

小さな舟は木の香りに包まれて、常世をめざすにふさわしい船体に見えた。

「乗んなはりまっせ」

と正人さんの姉婿さんがおっしゃった。女が乗っていいものかとためらっていると、杉本雄・栄子夫妻からいそいそした声で、囃《はや》しをかけられた。

「よかっじゃが。乗せてもらお、早よ早よ」

ぐずぐずしていると潮がひく。上げ潮に舟を下ろさないといけないのである。舳先《へさき》が潮に漬かると、黄金色の糸が四方にぱっと散るように、波がゆれて広がった。海にさし出た丘の、椎《しい》の群落が、重厚な光芒《こうぼう》を四方に放っていた。

常世とはいったいどこだろう。よりよい世界への、よみがえりのイメージが永遠に漂っているところ、草木のあかりに灯し出されて、ほの明るいような死のあるところ。大丈夫、正人さんはそこから帰ってくる。

水俣病が発生する前の海、いやそのさらに昔々の海へ向かって、小さな舟の舳先が頭を振っていた。舳先は髷《まげ》を結わせた形に作ってあった。正人さんや杉本夫妻のたどった長い受難の日々を、わたしは想ってはみるが、ただの一日たりとも、体験は出来ないのである。

大皿に盛った米と塩を正人さんが押しいただいて海に徹《ま》いて捧げた。杉本夫妻はこもごも、大皿盛りの刺身を指さして言われた。

「塩つけて食うとばい、舟下しの時は」

男の人たちは刺身に塩をつけて食べ、槽《おけ》の中に泳ぐ鰯をすくっては、沖を見ながら口に入れる。くわえられた鰯が口のまわりを跳ねている。

「うん、新しか」

わたしはいちいち愕《おどろ》いた。舟下しとは、海も人も魚も、それぞれびちびちと生命がふれあってゆく儀式なのだと思い、全開する海に向かって、神歌を歌いあげたい気持で正人さんを見上げた。彼は上気して帆綱を握り、先輩たちに操作を教わっていた。

舟の上の人たちは彼方を見つめ、想いの満ちてくるのを計っているようなまなざしをしていた。寡黙なゆたかさとでもいうようなものを乗せて、木の舟がゆく。東方の風だそうだ。

岬を三つ越えた。正人さんの村の東泊《こちどま》り沖にさしかかる頃から、あたりにいた船たちの様子に変化が起きた。あきらかにこの舟めがけて集ってきつつある。二十艘ばかりもいたろうか。その一直線の高速ぶりを見れば、なるほど木舟とちがい、強化プラスチック船と思われた。わたしたちの舟は遠目にも目立っているらしい。何事か起きるかもしれない。

だんだんと磯場に近づく。海岸からしか往ったことのない集落が、湾曲した東泊りの縁にゆったり並んで見える。一軒一軒の戸口が開き、人が出てくる。互いに往ったり来たりしてはこちらを見て指さしたり、家へはいらず波止《はと》に並んでいる。村の総人口が出ているのではないか。何を話しているのだろうか、そばに行って聞いてみたい気がした。正人さんはどんな気がしているだろうか。

ひしひしと船たちに囲まれて東泊りの波止についた。人の顔が見えてきた。今でもありありと思い浮かぶが、ほう、というような、まああの正人がなあ、こういう舟つくったかというような、しみじみとした表情だった。正人さんが内緒のつもりでいるのを、村の方では知っていてそのことを思いやり、知らぬふりをしてくれていたのかもしれない。

舟の上にあったあの、ゆたかな寡黙さが、人々の表情に溢れていた。常世の舟はそういう気分に包みこまれて着岸しようとしていた。一直線に、一番さきに走ってきたあのプラスチック船が舷《ふなばた》を接してきた。その船の主は、木の舟の舷をそっと撫でながら、まるで内緒ごとを打ちあけるようなおだやかな声で囁《ささや》いた。

「出来たねえ、ふーん。よう出来とるがね」

その間に、違う船の主が乗り移ってきて、目を近々とつけながら帆布にさわった。そして、押しつけになるのを用心したような、さり気ない口調で言ったものである。

「うーん、すわりのちいっと足らん」

彼は自分の知人の名をあげ、その人に相談すればすぐにも直してくれるであろうと言いそえた。すわりとは、帆布の、風をはらむためのゆとりのことだそうである。

人々は遠慮ぶかく、しかし熱心にじわじわ寄ってきて、木の香の匂っている舟にさわりたがっていた。まるで生まれたての初児《ういご》を愛《め》でるかのように。

正人さんは、しんしんとした表情になっていたが、水俣病で躰《からだ》の利かない従兄弟を舟に乗せる約束だったと言って陸に揚がった。従兄弟の達純《たつずみ》さんは身内の人に付き添われ、車椅子で岸壁に出ていた。五体不自由であってもひときわ魅力的な青年である。しばらく時間がかかった。気落ちした様子で正人さんは戻ってきた。

「恐しかちゅうとですよ。乗ったことのなかもんですけん。約束して、楽しみにしとったですばってん」

「恐しかちなあ、達純が。うーん」

かたわらの人たちが吐息をついた。

漁師の一族に育って三十近い歳になりながら、海も舟も恐いという青年がいる。村の人たちは〝正人と達純〟という従兄弟どうしの成長過程もみな、運命共同体の中で気にかけて、見守ってきたにちがいない。正人さんは二十人兄弟の末っ子だそうだ。人情もひときわ純な家系に思える。

未知の祭礼のご神体のような木の舟が、そんな男女たちの眸《ひとみ》に囲まれながら揺れていた。昼からは爆《は》じけるような宴になった。造船所の大きな親方が、向こうの天草島までとどきそうなのびやかな声で、木曳き唄をうたった。

今もあの日のことを思う。

未曽有の受難を抱えてきたがゆえに、不知火海は神話の相を帯びて、よみがえりはじめている。

わたしたちの日常には意識と無意識があるが、あの小さな木の舟は、日月《にちげつ》の光を染ませながらその舳をはっきり、わたしたちが体験した文明の総体の無意識界へ向けて、帆をあげたのだった。

常世の舟（撮影・宮本成美）

目次

＊章タイトルの西暦は聞き書きした年

本書は、『常世の舟を漕ぎて　水俣病私史』（世織書房）一九九六、『週刊金曜日』三一六号・特集「水俣病事件からの光」二〇〇〇、『*Rowing the Eternal Sea: The Story of a Minamata Fisherman*』（Rowman & Littlefield）二〇〇一、の原稿を再編集、増補改訂し、熟成版として刊行した。

I 丸い輪の中から

一九九三－一九九五

賑やかな村

一九五三年の十一月八日の生まれです。場所はこの今の家から五十メートルのところにあるもとえ、つまり本家ですね。俺は成人して分家したわけです。田舎では、もとえは長男がとっていく。長男以外はみな出ていくんです。もとえには今は長兄の長男が住んでいる。俺がそこに同居するということはやっぱりできんわけです。長男がずっと財産とか墓とか位牌とかを守っていくことになっている。

我々のいるこの半島を女島《めしま》といいます。目の前の不知火《しらぬい》海を隔てた向こう側が、天草の下島《しもしま》ですが、うちはじいさんの代にそこから移り住んできたとです。じいさんの若い時だから、百二十年くらいになるかな。この沖という村は今五十七世帯ある。女島全体で約二百だから、その四分の一くらいですね。ここに移り住んだのでは古い方なんです。一番じゃないけど、まあその次くらい。沖の中に十九軒からなる池の尻という部落があり、またその中に東泊《こちどまり》がある。このうちを含む五、六軒のことですたい。

俺の父親である緒方福松にとって、俺は十八人の子どもの一番下、末っ子です。親父が五十六の時の子なんです。三回結婚してるんですね、親父は。でもそのうち二回目の人は三か月くらいしか続かなかった。あんまり大変だっていうんで逃げちゃったらしい。先妻との間には女が八人、男が四人生まれている。そのうち長男は戦争中に戦病死していますから、結局次男が跡取りをしたんです。先妻が亡くなって――たくさん子ども産んだというのもあったんでしょう――、俺のおふくろは後妻で来たわけです。それで六人子どもを産む。俺はおふくろが確か四十歳くらいの時にできた子です。その六人のうちあいなかの男ふたりと女ひとりが生まれて間もなく亡くなって、結局三人が生き残った。いずれにしても俺が最後なんですよ。

またおふくろは、ここに嫁いでくる前にふたり女の子を産んできている。確か正式な結婚という形をとっていないんだと思う。このふたりはまだ生きてますよ。そうしてみると結局俺のきょうだいは、亡くなった者も含めて二十人にもなるんですね。そして俺はその二十番目。戸籍のうえでは十八番目ですけど。

俺がものごころついた頃にはまだ兄貴たちや嫁にいく前の姉たちが家にいました。ボラとかタチウオとか、いろんなイヲ（魚）を捕るんですが、主な仕事はイワシ漁――イリコという煮干し用のイワシを大きな網で捕る。今みたいに油圧ローラーもなくまだ手漕ぎの舟が主流の頃で、とにかく人手がいるんです。捕ってきたイリコを釜で湯がいてから乾燥させて、問屋に売るわけです。

うちは地引網から始めてイワシ網、巾着網とやってきた網元だったんです。沖というこの集落に、網元が七軒か八軒あって、うちがそのひとつだった。その後それがだんだん減って、今では一軒だけになってます。その網元も今では自家労働だけですたいね、それだけ機械化されてきたということです。だから昔のような網元というのは、もうほとんどないわけです。

俺のうちはきょうだいが多かったし、跡継ぎをした上の兄にも子どもが六人いました。もっとも俺がものごころつく頃には、姉の大半はもう嫁にいってましたが、その他によそから働きにくる人たちがいた。網子ですね。また奉公人としてうちに住み込む者もいた。その中にはいわゆる知能障害のある人がふたりばかりおったし、在日朝鮮人もありました。そういう人たちはみな、昭和三十年（一九五五年）代から四十年（一九六五年）代にかけて大阪方面に行ってしまいましたが。ともかくそんなわけで、多い時には三十人も四十人もいたのです、俺のうちには。それに通いの人たちが加わって仕事をするわけです。

イワシ漁は二艘の船で網を引くんです。しかしイヲを見つけて、指示する船が要るし、それに捕ったイヲを運ぶ船も要る。一番人手が要るのはもちろん網を載せた船で、巾着網なら三十人くらい。巾着網の場合、夜に大きな灯をたいて集魚したところを網で囲うわけです。それが戦後この不知火海で一番大きな仕事でした。戦争の間は働き手がたくさん出ていてあまりイヲを捕らんかったでしょう。特に敗戦前には出たら危ないということもあったし。戦後出とった人たちがどっと帰ってくる。イヲは増えとるわ、人手は帰ってきたわで、巾着網というのが一斉に始まったわけです。そしてそれは昭和三十年代の初め頃までずっと盛んでした。やがて水俣病が起こって魚が減り始め、せっかく捕った魚も売れなくなっていく。それは三十年代の半ば過ぎのことです。

俺が生まれた頃が最盛期だったと思う。ものごころついた頃にも景気はよかったです。近くの村や天草からも働きにきよったし、農家の次男坊も三男坊も仕事を求めてきていた。中には四国から反物を売りにきていて、そのまま いついてしまったというのもいましたよ。それは活気がありました。家の戸数だけは今も変わらないんですが、人の数は何倍もあって、村の様子は全く違っていた。大変な賑わいでした。

だから、俺は大勢の中で生まれて大勢の中で育ったわけです。家族という雰囲気が満ちていたことだけは確かなんですが、どこからどこまでが家族かというとよくわからない。

漁でにぎわう村

第一、姉たちの場合、働きにきていた人たちと結婚したのが多いんです。そりゃそうでしょう、あれだけの数の女の嫁ぎ先はそうそうあるもんじゃない。

三十人からが食事をするんだから、賑やかなもんです。食事といったって、今のように、手の込んだものではなく、麦飯に味噌汁に焼き魚や煮魚、そんなもんです。仕事で忙しい時にはカライモ（サツマイモ）やにぎり飯ですませる。飯は大きな鍋にふたつぐらい炊いてもペロッとなくなった。活気があって楽しかったけど、ボケッとしとったら、食べるもんがなくなる。飯は米と麦の割合が七・三か六・四。「戦争中はだれよった（大変だった）」と、おふくろがよく言いよりました。一升瓶に米を入れて、棒でついて、糠をおとす。家族が多かもんじゃけん、これを毎日やらんとならん。「それで今も肩が痛かっじゃもん」とおふくろが言うとですたい。

海の水は辛かぞ

うちの親父は非常に厳しい人だったんです。わが家にも、村にも、十代や二十代の若いもんがいっぱいおるでしょ。それがよう喧嘩しよったとですよ。とにかく喧嘩というのは毎日のようにありました、どこそこで。そして大概は酒飲んでのことなんです。で、親父はうちの網子同士の喧嘩やいじめをものすごく嫌いよったわけです。うちのもんでも、よそのもんでも、呼びつけてどなりよった。特にうちには知的な障害をもった人たちがいましたから、それをもどかす（からかう）のがある。そうすると親父に呼びつけられる。親父はいつものように囲炉裏端におって、こげんして火を見ながら火箸を使っている。それをいきなりピューウーと投げよった、何も言わずに。親父は言葉が多か人じゃなかったですもんね。呼ばれた方はもう怒られるのはわかっているから、戸を開けて入る時から逃げ腰なんです。

　俺はそういう光景をなんども見てよーく憶えている。いつもそばにいたから。ほんなことすぐ横、あるいは膝の上におったですもん。二十四時間のうち二十時間くらい一緒でした。俺はとにかく親父には一番よくかわいがられたんです。三つ、四つの俺が、小学生になったばかりくらいの姉と喧嘩する。すると俺が悪くても姉を怒るんです。親父に言わせると俺は「まだこまんかけん、ものがわからんとやから」、姉がわかってやるより仕方がないというわけです。

不思議なくらい記憶があるんです。二歳や三歳の時に親父の背中で小便しかぶったことまで憶えている。三つの時には親父はもう櫓《ろ》漕ぎの舟に乗せて俺を連れていきよりました。網繕いの仕事をする時にも一緒でした。また秋から冬にかけてイワシを湯がきよったし、冬の薪をそれこそトラックに一ぱい分も二はい分も作りよる、そんな時にも、俺は一日中一緒におったんです。親父は今の親たちみたいにペラペラ喋らんばってん、俺とは比較的よく話をした。というより、よく語りかけよったわけですね。歌を聴かせてくれたりもしました。炭坑節とか、歌謡曲では「おーい中村君」とか。

俺としてはそばにおるだけで安心できたわけです。そして今思えば、俺は親父という人間にものすごい憧れを抱いていたんです。その原因は、周りの人の反応にもあっとでしょう。尊敬されとったんですよね、家の中でも村の中でも。頑固で、曲がったことが嫌いで。まあ、いわゆる「肥後もっこす」の典型ですたいね。こうと決めたら頑として それを貫く。今我々がいるこの場所も、昔は海と岩場だったんですが、親父がひとりで十年間かけて石かきして造った土地なんです。からだもこげんしとったですよ、筋肉が、千代の富士のごたる。

親父の一日をだから俺はよく承知しているんです。一日に五回焼酎を飲みよった。一回に湯のみ茶碗一杯ずつ。朝は早かった。三時頃には起きよったから。寝るのもおふくろとよりは俺とがいいんです。目が覚めた時からずっと一緒。そんなふうですから、俺は同じ年代の子どもたちとは遊ばなかったんです、親父が生きている間は。一緒にいることで満ち足りていたもんですから。どこへでもついていきよったですよ、ちょこちょこと。農家に魚もって遊びにいく時も、網屋や船大工のところへ行く時にも、村の寄り合いに出る時も。俺くらいの歳でその頃の寄り合いの様子を知っているのは、俺だけでしょう。

あの頃はよくイルカが来よったんです。ある時二匹捕ってきて、今俺のいるこの場所で、親父がさばいていたのを憶えている。塩漬けにして樽に詰めて、確か三か月くらい毎日食ったけど、あんまりおいしいもんじゃなかったですね。そのイルカをさばいている時の親父が、赤子が二匹おると言ったのをきいて、俺が、かわいそうだから海に帰してやろうって言うたんですたい。そしたら親父はそげんしようって、うちの前の海に放したんです。でも、自然に生まれたわけじゃないですからね、ヒュルヒュルッと海の中に沈んでいきよった。なぜかこの光景が妙に鮮やかに残っているんです。

それと、うちにおった知能障害の人たちをかばう親父の姿、これが忘れられんとです。その人たちをいじめる者にはものすごく怒りよった。それでよそにおれん人も来よっとですたい、親父がかわいがるもんで。かわいがるといっても、何も特別なことはしないんですよ。ただいじめられんように気を配る。すると今度はかわいがられとる人たちが、俺をかわいがるんです。親父への気持ちをそうやって表わしとったんでしょう。こまんか時のそういうことが非常に大事な働きじゃったな、と今でも思うんですよ。

村のどげん元気な若いもんでも、親父の目にとまったらすっとんで逃げよったですもん、怒るのも迫力があるんです。うちの子どもとよその子どもを区別しない。この辺で今五十とか六十になっている人には、親父から怒られた人が多いです。

自分にも厳しか人でした。仕事は、それはもう誰にも負けなかった。一日二時間以上寝るのはぜいたくという人でしたから。すごく苦労した人なんです。小学校へ入ってすぐくらいに母親が亡くなって、残された子どもたちは、あとに来た継母とうまくいかなかった。そして父親、つまり俺のじいさんともうまくいかなかったらしいんです。それで小学校は二年でやめて、八歳で働きに出たそうです。だから読み書きもほとんどできなかった。

こんな話があります。まだ子どもの頃、金になるからと誘われたんでしょう。朝鮮半島まで漁をしに行ったところが、金をくれん。それで夜になってみんなが寝てから、イヲを捕って帰りの路銀を稼いだ。大正時代の初めぐらいでしょう。男が五、六人乗って、櫓《ろ》を漕ぎ帆をかけて、星を見て方角を定めたといいます。まあそんなふうに苦労して働いて網元になっていったんでしょう。じいさんからもらったのはショケ（かご）ふたつに、茶碗と箸だけだったそうです。「海の水は辛かぞ」、というのが親父の口癖でした。これをいつも若いもんに言いよった。海の、仕事の、そして人生の厳しさ。親父が一番言ったのがそれです。

親父が寝ている姿というのはろくろく見てないんです。俺が小便で目を覚ますような時に見るといつも起きている。そして囲炉裏端に坐ってじっと考えている。いつも考えているんです。あした、あさってのことは言うに及ばず、十年先、いや、もしかしたらもっと先のことまで考えっとですよ。囲炉裏端でそうやって、毎日のように。例えば、網を買い換える時にも、十年も先のことまでじっくり考えて決める。誰に相談するわけでもない。そして自分で決断する。だから失敗というのがない。例えば俺がこまんか時からもう、三十年、四十年後に俺がどこに住むかまでちゃんと決めているんです。

こぎゃん男にならんばんとばいねえ、という感じが漠然とあったんです、俺のうちに。ものすごい存在感があった。漁の終わりに金を分配をする時、あるいは、何かの寄り合いや集会の時、二、三十人集まれば、ざわめいてワジャワジャするじゃないですか。そろそ

父・緒方福松

ろ本題に入らにゃいかんという時、親父の咳払いひとつでシーンとなりよったですよ。親父は口数の少なか人でしたけど、一度何かを口にするとそこには意味がいっぱい詰まっている。その重みというものが、不思議なことに幼い俺にもわかるとです。言葉に威厳があるというか、魂があった。ファジーなんて言葉がはやっとったけど、最近、物事の意味が奪われてだんだん空しくなっている。言葉だけがもてはやされて、しかも非常に短命です。空しい言葉がテレビなんかから溢れ出ている。そこいくとうちの親父なんか喋らんでもよかったですもん。

魂くらべ

秋は白子《シロゴ》を捕る。イワシの赤ちゃんです。冬になるとアミを捕って、塩漬けにして売るわけです。また春には成魚となったイワシや他の魚を捕る。こんなふうに、一年中イヲの種類は違っても、漁は続くわけです。昔は一年中イワシがおったし、コノシロがおる時はコノシロ、ボラがおる時はボラ、サヨリが捕れる時はサヨリ。種類によって季節によって場所によって、違う網を用意してました。漁の範囲は、不知火海全体です。巾着網の時は、鹿児島県の阿久根まで行ったことがあります。貝とかナマコとかウニとかビナとかは舟を出さなくても捕れるところに豊富にあったから、女や子どもが行って家族が食べる分だけ捕る。そのうち商売にもなったのは、ナマコとタコぐらいでした。海の仕事も陸《おか》の仕事も、みなでやりよった。男も女も。女は漁にも出ました。ただ進水式の時だけ、舟には乗せなかったけど。これは未だにそうです。またおなごの方でも、乗せてくれとは言わんです。もっぱら酒宴の用意です。

畑仕事は、主におなごの仕事でした。カライモや麦や野菜を作ってました。男たちは、網の繕いや、舟の整備に忙しかった。船底を虫に食われないように、山から採ってきた松や杉の枝と枯葉で焼いて、ペンキを塗ったり。うちの場合は、親父が田んぼも五、六反買ってあったから米も作りよった。田植えと稲刈りはみなでやるんです。今、ミカン畑になっているところは、自分たちが食べるものを作る畑だったんです。現金で買わなければならんものは、塩と砂糖と醤油と酒ぐらい。甘夏ミカンの栽培は昭和四十年（一九六五年）代から本格的になったです。盆、正月には、ご馳走を買うことはあっても、普段は物々交換で間に合ったんですよ。

おふくろは近くの赤崎《あかさき》という半農半漁の村から来た人です。百姓の家に育ってるもんで、こつこつ作ったものを食べて生きているという、ただそれだけ。おふくろは親父と正反対といってもいいような人なんです。考え方が小さくて、視野が狭くて。おまえ、暇をやるから世間を歩いてこい、と親父はよくおふくろに言いよった。ものの道理がわかっとらんというわけです。こまんか時には親父だけに目が向いとったもんだから、俺にとっておふくろというのはただ黙って働くだけという人でした。といって別に反発したわけではない。反発するようになるのはもう少し大きくなってからです。

昔から百姓の方が気位が高くて、漁師を下に見ているんです。漁が注目されたのは戦後イワシを捕った巾着網の景気がきっかけであって、それ以前は完全に漁師の方が下です。それはひとつには漁師が貧しく、生活が不安定だということ。一方農家は田んぼなり畑なり山なり固定の財産をもっているということです。漁師でうちの親父のように辛抱して金ためて、山や田んぼを買っていたのは珍しい。親父は特に山に力を注いだ。

「海がしけて出られん時でん、雨降ってん木は太なってくるる」

そして我々子どもたちには、山を買うのも木を植えるのも「わいどんがためぞ」と言いよった。そういうふうに五十年、百年先のことを考えているんです。ここが昔の人たちと今の人たちの決定的な違いです。今五十年、百年先のことを考えている人間が日本に何人おるでしょうか。

イヲも人より多く捕ったんです、親父は。毎年のように漁業組合で漁獲が一番だったです。それはまず人より多く働いたから。人が寝ている時でも働いた。またイヲを捕る勘もよかったんです。前にも言ったように、家におる時の親父はこうして囲炉裏端にじっと坐っていた。いろいろと考えることはある。しかし、一番考えるのはやはり漁のことなんです。そして、例えばこんなふうに言いよったです。もうすぐ大潮になっていく。その潮には、どこに、何のイヲが揚がるはずじゃ。岸《へた》の方に寄ってくる。何時頃の潮に行けばよかはずじゃ……。考える、というのは正確ではないでしょう。囲炉裏に向かう親父は、目の前に何かをイメージしていたようなんです。考えるというよりは、感じとる。これはまだ我々にも少しは残っているんです。考えてイヲを捕るということも、それはできる。でもそれとは別に「感じる」ということが確かにあるんですね。この力が明治の人たちには特に強かったと思う。

動力船のない我々の前の時代には、竈《かまど》をしつらえた手漕ぎの舟で沖に出て、二日、三日泊まりがけで漁をしたんです。水も薪も米も積み込んで、とま（茅《かや》を編んだもの）を屋根にして寝る。漁に行く、なんて言い方はしない。「沖行く」と言う。また漁のことを親父なんかはよく「魂くらべ」と言った。例えば、今日はボラがうんと飛んどったばってん、捕りきらんだった、今日はイヲに魂負けした、とこんなふうに言うわけです。囲炉裏の端に坐り、あるいは外に出て海を見ながら、親父は読んでいた。読み解きをしていたんだと思う。それは考えてわかることではない。魚の世界と波長をどうやって合わせるか、なんですね。もちろん経験は必要です。しかし経験だけではダメ。同じ漁師の間でも、捕る量には大きな個人差があっとです。魂くらべとはよく言ったもんだと思います。

時代が変わって、その魂が抜けていく。機械を使って、無理に魚を捕ろうとする。読み解きは、そこにはない。魂くらべの相手は決してイヲだけではなかったんですね。例えば、潮もそうです。今の漁師は、満潮や干潮の時間を知るのに新聞や潮見表などを見てしまうわけですが、しかし実際には、潮はそんな単純なものじゃないんです。まず場所場所によって、満ち引きの時間もだらみ（満潮と干潮の境）の時間も、またその性格も違う。特に入り江とか瀬際とかでは複雑な動きをする。それを間違ったら大変です。網をけがしてしまう。

そういえば、ここらじゃ「網を破った」なんて言わない。「あんばけがした」と言う。

今うちの前に繋いである「常世の舟」の中に水が溜まっていますね。あれもここらでは「水《みず》が……」なんて言わない。「垢《あか》が溜まった」と言う。みんなこげんして生きもののように言うとです。

例えば、昔のことだから夜の暗がりの中でも漁をやる。するとオコゼに刺されたり、カニに咬まれたりする。そんな時「こんオコゼやろが」とか「くそガネ」とかと言って怒る。そこではイヲもカニも言葉を交わす相手になるんです。つまり順番に繋がっているんでしょうね。人間と同じというわけではなかばってんが、言葉でもかけてしまう。イヲにもネコにもイヌにも。これもまた昔と比べて、なくなったなと痛感する点です。

漁師の神様といったら、それはもうエビスさんです。必ず毎日焼酎ばやる。頭からかけてやったり、湯のみ茶碗に入れて据えたり。舟を造る時、新しい網を下ろす時、新しい季節の漁に出る時はもちろんのこと、ちょっと舟の上で焼酎飲む時もまず「エビスさん」と言ってからです。舟にも「ふなだまさん」という魂があると思われている。舟のある場所にくりぬいた板があって、その中にいわばご神体があるわけです。そのふなだまさんには、怪我せんように、また海に向かっては、イヲば捕らせてくれんなという祈りの気持ち。それを口には出さんでも「エビスさん」と、ただこう言えばいいわけです。心が落ち着くんですよね、不思議と。

逆に、金物、例えばボルトとかナットとかの工具なんかを、海に落とすことを漁師は非常に嫌うんです。エビスさんが一番嫌うものだからです。もうひとついけないのが梅干し。こういうものを落としたら、それをまた陸に押し戻すまでに七年かかる、と言われている。なぜならエビスとは蛭子《ひるこ》ですたい。つまり手も足もかなわん不自由なからだです。誰かが書いてましたが、海に流された神さんなんですね。それが口でくわえて押し返すのに七年もかかる。それだけの苦労をかけることになる、というわけです。金物や梅干しをビニール製品や工場廃水という言葉に置き換えれば、今日の環境問題にそのまま当てはまるんです。しかしこういうことを聞いて知っている者は、俺より五年遅く生まれた世代には恐らくおらんでしょう。

祝い事や祭りにもいろいろありました。まず舟下ろしと棟上げ。親類縁者が寄って加勢《かせ》するわけです。それに結婚式。昔はみな家でしよったけん。またこの池の尻の部落の場合には一月と五月と九月の、旧暦の十一日の日に、十九軒のそれぞれが作ったもの、例えばなますとかさしみとかをもち寄って、飲みよったです。じゅういちんち祭と言うとですよ。これは今もあって、もち寄りのかわりに当番制で、新暦の日に公民館でやります。佐敷《さしき》の

東泊に祀られるエビスさん

町のお諏訪さんの祭りにもみな舟に乗って出かけていったもんです。その賑わいといったらなかった。子どもはその日のためにみな小遣いをためよった。そして、盆と正月。これも我々にとったら、祭りのようなもんでした。服を買ってもらうなんてことは、盆と正月でなきゃ絶対ありえないことだった。

また俺がこまんか頃は、小学校の運動会もお祭り騒ぎ。大人も子どももみんな行きよった。酔っ払っての喧嘩もありよったし、綱引きなんかもまさに喧嘩でした。こんなふうに祭りや祝い事の時には発散するんですよ。そしてそれを目安にして一年間を過ごすわけです。

あらゆる機会に酒が欠かせないんです。若いもんをたくさん抱えていた親父は常に焼酎を棚や床下に貯えていた。文字通り、酒の上にあぐらをかいて酒を飲むんです。そしてその飲みっぷりもよかった。ただ、親父が酔っ払っているとこは見たことがない。祝い事の場で歌を歌ったりということはあったけど、先頭に立って場を盛り上げるというのではなかった。そういう時にはそういう役割をもった人っていうのがいるもんですよね。親父はいつも一家を束ねるという自覚があったんでしょう。だから厳しかったし、酒は飲んでも酒に飲まれることはなかった。

どげんわけか……

最初に水俣の方で奇病騒ぎが起こった頃、親父は「焼酎飲んどきゃ、あげん病気にはならんと」と言ってた。当時は、まだ化学物質で海が毒されるなんてこと想像できなかったんじゃないかな。巷にはチッソ（三四五頁参照）が怪しいという噂はあったんですけどね。水俣という町はチッソの城下町だとよく言われますが、ここらあたりの場合は、水俣から離れているのでチッソの恩恵を受けている者はいなかった。隣近所からチッソに勤めに出ている人もいないし、そういう勤め人への憧れもなかった。だからチッソが怪しいと言われてもピンとこないんです。

非常に健康だった親父が急に元気をなくしていった。あの病気にかかったのはこの近所でも親戚の間でも親父が最初です。俺の記憶では確か一九五九年、九月の暖かい日です。十時頃だったかな、親父が草履をかたっぽ脱いだまま歩いているんです。俺はムシロを敷いて庭に坐ってて、姉とおふくろとがそのそばにおった。すると親父が、「どげんわけか気分が悪か」と言ったんです。「どげんあっとかな」と姉かおふくろが訊くと、「手が痺《しび》れ

—1954(昭和29)年—

熊本日

猫てんかんで全滅

ねずみの激増に悲鳴

水俣市 茂道部落

二十一日水俣市茂道漁業石本寅重さん(七七)は市衛生課を訪れ、ねずみが急増して漁村を荒し回り、手がつけられないと駆除方を申し込んだ。

同部落は百二十戸の漁村だが、不思議なことに六月初めごろから急に猫が狂い死し始め(部落ではねこテンカンといっている)百余匹いた猫がほとんど全滅してしまい、反対にねずみが急増、大威張りで部落中を荒し回り、被害はますます増大する一方、あわてた人々は各方面から猫を貰ってきたが、これまた気が狂ったようにキリキリ舞して死んでしまうというので遂に市に泣きついてきたものと判った。

なお同地区は水田はなく農薬の関係なども見られず、不思議がるやら気味悪るがるやら衛生課でもねずみ退治にのり出すことになった。

1954（昭和29）年8月1日 熊本日日新聞

ネコの狂死報道（「熊本日日新聞」1954.8.1）

て」と言う。初めは風邪だろうと言うとったんです。でも、庭を歩く感じも立ってる感じもなんだかフラフラしておかしかった。そして、家に入ろうとして玄関の敷居でずっこけた。もうそれからは、あれよあれよという間に悪くなっていった。で、すぐ舟で町の病院に連れて行った。それが始まりです。

病院に行っても、原因が分からないんで、二、三日してからまた来てくださいと言われた。でも、一日一日悪くなっていくんです。次に行く時にはもうかなり悪くなっていてね。町の病院に入院して、熊大（熊本大学）の病院にも連れていって検査をしたんだけれども、それでも原因が分からんと。

入院していた時は、俺も親父のそばにいたかったけど、それよりも親父の方が俺を手元に置きたがってた。入院した当初はおふくろや兄や姉たちが交代で世話をしてたんだけど、親父は淋しがって俺を連れてこいと言う。それで俺も行ったんです。親父が入院してたのは約二か月だけど、俺は一か月ぐらい一緒にいたんだと思う。動けんようになってからの親父は、一分でも俺の姿が見えないと淋しがった。俺が立ってトイレに行こうとすると、「どけ行くとな」と訊く。「小便行ってくる」って言うと安心するわけです。

俺は六歳だったけど、親父が死ぬかもしれないということはなんとなく察知していた。

いくら注射を打っても薬を飲ませても悪くなる一方でしょ。おふくろや兄姉《きょうだい》たち、それに医者も毎日うろたえていたし、親父のおるとこじゃ言わんけど、廊下の隅で兄や姉が別の病院に回そうかと相談したりしてるのも見とったから。俺も何か自分にできることはなかろうかと思って、ある時、煙草に火を点けてのませてやったら喜んでね。でも、薬や注射は医者や兄姉たちがどんなに言っても嫌がった。一向に治らないもんだから、「このやぶ医者は金ばっか取って」と言うんです。でも、それも言葉になっとらんの。親父の言葉はだんだん聞きとれなくなっていた。俺やおふくろは毎日一緒にいるから、必死で聞きとろうとすればいくらかはわかるんです。でも見舞いの人や兄姉たちは一週間ぐらいの間をあけて来るともうわからん。だから俺が通訳をしよったわけです。みんな「父ちゃんは何ち言わっとな？」と俺に訊くんです。

医者の注射や薬——これはあとから考えるとモルヒネかなんかだったと思うんだけれど——を嫌がるんです。何ももう効かんようになっていたから。その頃はすでに病院の方に水俣保健所とか熊大の医者とかが出向いてきていて、親父は観察対象になっていた。立って歩こうとすれば倒れるし、二、三歩やっと歩いたかと思うと壁や柱にぶつかる。苦しいもんだから、壁でも柱でも引っ掻くわけです。医者の言うことも看護婦さんの言うことも、おふくろの言うことでさえ聞かん。ところが俺の言うことだけは絶対嫌と言わんかった。どぎゃん苦しくても、俺のいる時にはなるだけ苦しみをこらえようとする。だから、医者も兄姉たちも手に負えない時には俺に言わせるわけ。おまえの言うことなら聞くんだから、おまえが薬を飲ませてみろと。

今になってみると、自分が問われるというのはああいうことをいうんだろうなと思う。親父の具合が日に日に悪くなっていく様子を目の当たりにして、何かしなきゃいけないということを、言葉抜きに捉えている。なんか自分にできることはなかろうかと思うわけです。じゃけん、煙草を点けてやったり、薬飲ませてやったり、背中さすったりいろいろする。それは誰かから言われてやったことじゃない。全部自分からです。他人から批判されて問われる、という問われ方もあるけど、そうではなくて、状況それ自体が問うている。「何かせねばならない」と。そこでは、大人も子どもも変わりないんです。

今は朝飯から夕飯まで病院が用意してくれるばってんが、昔は自炊だったから、おふくろが他の患者の付き添いにきている女の人たちと作ってた。炊事場、といっても広い土間みたいなとこですが、そこに竈《かまど》があって、そこで毎日、朝から七輪で炭を熾《おこ》して味噌汁作ったり、サンマ焼いたりしていた。おふくろはなるだけ親父が寝ている時間に朝飯作ろうとしてた。たまに、親父がふと目を覚ました時、俺がおふくろと一緒に下にいたりすると淋しがってな、泣き声のような声を出す。周りの人が教えてくれて俺が上がって行くとそれが止むんです。おふくろには帰れって言ったことがあったけど、俺には絶対に言わんかったね。

親父が寝るのは疲れきった時。疲れきらないと寝られんの。それも、せいぜい一、二時間しか寝ない。それもだんだん短くなって、その周期も狂ってくる。その様子を入院している人たちも付き添いの人たちも見て知っていて、みんな気づこうて俺をかわいがってくれたなあ。大変なのはみんなわかってたから。味噌汁だって飲ませようとしても四分の一もまともに飲めんのです、こぼれてしまって。

ふたつのヒント

そういえば、生まれて初めて金持ってものを買いに行ったのもその頃。味噌汁の豆腐を買いにいったんです。病院の二、三軒隣の店で、最初はおふくろに連れられていった。何回か行ったあと、おふくろから豆腐を買ってくるように頼まれた。昼間ぐらいだったかな。それで、買いにいくつもりで病院の前に出たら、人がいっぱいおる。なんだろうかと思って覗いてみたら駅伝大会をやってる。今思うと町の青年団か何かの駅伝だったと思うけど、生まれて初めて見るもんだから、なんだかわからんわけです。ただ人の動きにつられてずっと見とれていた。で、ふと気がつくと、豆腐屋がどこだか病院がどこだかわからんようになってしまった。駅伝が通っている間は熱中してるものだから、そんなこと気にせんかったのに、ラストの人が走り去っていって、人がぱらぱらと散りはじめると、ここがどこやらわからんわけです。それで、行ったり来たりを繰り返すんだけど、どうしてもわからん。見覚えのあるような気もするんだけど違う。

ずっと田舎で生まれて育った俺が突然町の中に放りだされて、西も東もわからんというわけですが、まあ、町とはいっても田舎町で、道は一本だから、本当は迷うはずなんてないんです。ばってん、周りの風景がどこも同じに見える。それでとうとう泣き出した。すると、どこかのおばさんが来て、「どこの子なの？」と訊いてくれるんだけど、泣くばっかりで答えられない。おそらく、親父やおふくろから離されたのは生まれて初めてだったんでしょうね。そのおばさんに連れられて近くの派出所に行った。そこでもずっと泣きよった。警察というのがまた怖かった。俺たちがこまんか時、泣くとおふくろが、泣けば警察が捕まえにくるって言ってたから。昔の子は「おまえは泣きよればガゴの来っとぞ、カミナリさんのへそば取りに来らっとぞ」って言えば泣きやんだもんです。ガゴっていうのは、得体の知れないもののことで、鬼とか魔物というのに近いでしょうね。派出所には一時間ぐらいおったのかな。最初は泣くばっかりだったのが、しまいにはなだめられ、「お父さんとお母さんは？」と訊かれて「病院にいる」と答えた。で、お巡りさんがあっちこっちに電話で問い合わせしてやっとわかったわけです。

だから警察に初めて厄介になったのは六歳の時ってことになります。忘れんもんですよ、ああいうことは。豆腐一丁買いにいくだけなのにね。帰りに、おふくろが「ここやったがね、豆腐屋は」って教えてくれたんだけど、そこから病院までは三十メートルと離れとらんのです。今でも時々、あのおばさんに連れられて歩いてた時の風景や、そのおばさんが着てた着物のことなんかを思い出すんです、決して派手じゃなくて安っぽい感じの着物だったけど。とっても優しいおばさんでねえ。まあ、そのせいか知らんけど、そのあと、警察には二回お世話になりましたが。

親父が入院している時はみんなにかわいがられたし、病院中を自分の庭のように走り回ってました。だからでしょうか、俺は未だに、どういう集団の中に入っても気後れすることがない。自分を卑下しないでいられるんです。そのあと、家出したりもしたけど、どこへ行っても人には恵まれてたとつくづく思う。

最後の二週間は水俣の市立病院でした。水俣病の疑いが強いということで、市立病院にあった水俣病患者の隔離病棟に移されたんです。親父は衰弱しきっていた。意識もなくてただ死ぬのを待っているような状態だった。つまり、どうにもできんようになって転院させたわけです。俺は親父が昏睡状態の時に家に帰ってきました。それに市立病院では付き添いも認められていなかった。

その頃の俺には親父が死ぬという危機感はあっても、「死」というのがどういうことなのか、よくわかっていなかったと思う。恐らくものごころついてから親父が死ぬまでの間に、村で人が死んだことってなかったからでしょう。親父が亡くなったのは市立病院で、十一月二十七日のことです。電話はなかったからどうやって連絡が届いたかわからんけど。市立病院に移された時点で家族はもう半ば諦めてましたね。親父はすでに疲労困憊《こんぱい》してやせ細って骨と皮だけでしたから。

亡くなった親父を連れて帰ってくるためにみんなで舟に乗っていった。市立病院の正面に向かって左側に水俣病患者の隔離病棟があったんです。親父はすでに病院の中でからだを拭かれて、棺桶に入って出てきたんです。近くの八幡というところに嫁いでいた姉のうちまで連れていって、舟で運ぶつもりでした。ところが普通じゃ考えられんことが起こった。潮が引いたもんだから、舟がすわってしまって動けんわけですたい。漁師が潮の満ち引きを忘れるなんてありえんばってんが、事態が事態で動転してたんでしょう。霊柩車で運ぼうにも道がないしね。それでその日は帰れないから、姉の家で仮通夜をして、翌日帰ってきたんです。

その頃は土葬。昭和四十年（一九六五年）代の半ばぐらいまでこの辺は土葬でした。葬式の時のことも憶えてる。というのも、この時に初めてカメラというものを見たんです。全員が並んで記念写真を撮ったんだけど、その時バシッという音がしてびっくりした。

葬式の明くる日には身内の者でお寺に行ったんです。それは古いお寺でね、中廊下を走り回っていたら床板が抜けた。それから、四十九日の法要の時には天草から親父の兄弟が来たんだけど、それが親父にそっくりだった。俺とふたつ年下の甥とでたまげてそのおじさんのことをじっと見てた。死んだはずの親父が生きてるって。俺はもうちょっとのとこで「とうちゃん」って声かけるところだった。その様子を庭先で見てた大人たちがおもしろがってたのを憶えてる。

小学校に入る前のこの年頃のことは、周りに訊くとみんなよく憶えてないって言う。俺が親父の背中で小便したことまで憶えてるって言うと、「そげん嘘言うな」って言われる。でも、憶えてるんです。これは今になって思うばってんが、普通、二十歳過ぎて結婚してから、子どもの時のことを振り返るっていうのがあるでしょ。俺の場合は早くに大事な親父と別れているだけに、無意識のうちに、その記憶を失うまい、忘れまいとしてきたんじゃないかな。

親父は俺が小学校に上がるのをものすごく楽しみにしてたんです。で、あと半年でっていう時に亡くなった。俺が小学校に上がるまではどぎゃんしても生きとるって言っとったんですが。病気になってもずっと「あげん奇病じゃなか」と言っていた。まだその頃は「水俣病」という呼び名はなかったんです。けれどしまいには本人も水俣病らしいということはわかっていたと思う。認めていたからこそ、否定したんでしょう。奇病であったとしても奇病と言うな、言えばおまえたちが飯ば食うていかれんごとなる、というのが親父の気持ちだったんじゃないかと推測するんです。

今思えば、ちょうどその頃なんですよ、水俣で漁民暴動が起こったのが。十一月の親父が亡くなる直前でした。それは雪のちらちら降る日で、兄貴が夜中に帰ってきて、チッソの工場に行って暴れてきたと言うんです。みなが囲炉裏を囲んで兄貴の話を聞いた。単車や自転車を溝にぶち込んだり、窓ガラスを割ったり、机や椅子を壊したり、工場長を追いかけ回して、モーターボートに乗って逃げるのをさらに追っかけ回したとかいう話をしてました。

これは俺にとって大事な話だったんです。というのは、俺はそれまで「チッソ」というものを見たことがなくて想像のしようがなかわけです。またあの頃はチッソのことをただ「会社」と言ってたんです。チッソ＝《イコール》会社。会社＝《イコール》チッソ。で、会社が親父を殺したんだと兄貴たちはみんな言うわけです。チッソにしても、会社にしても、よくわからなかったのが、窓ガラスを壊したとか、単車を壊したとかと言うのを聞いて、ようやく俺にも建物のイメージなんかがぼんやりできてきた。そして、ははあ、兄貴は親父の敵討ちをしたのか、とね。

チッソ水俣工場が有機水銀を排出し続けた百間排水口

親父の死にあたって、俺のうちにチッソというもののイメージがほとんどなかったということ。そして自分で金というものを使ったことがなかったということ。このふたつのことが、俺にとって後々大きなヒントになったんじゃないかなあと今にして思うんです。

輪の中で

親父が亡くなってどうやってその空白を埋めたかといえば、それはやっぱり家族のお陰だったと思う。おふくろもいたし、兄貴は自分の子どもたちと分け隔てなく俺に接してくれたし。それに、跡取りである兄貴の嫁さんというのがおふくろの連れ子なんです。だから、俺にとってはどっちも義兄姉《きょうだい》。複雑というか、うまくできているというか、親父が考えたのはそこなんです。その嫁さんが来た時、親父は五十四、五。昔の五十四、五といったらもうじいさんですよ。自分が先に逝くということを考えていたんでしょう。前にも言ったように、親父は普段から誰も考えないような何十年も先のことまで考えてるような人だったんです。子どもが十五人もおるところのもとえはいろんなことを司《つかさど》っていかねばならん。そこにおふくろもまだ四十代で残っている。長男にとっては義理の母親になるわけですよね、それをうまくやっていくためには……、と親父は考えたようなんです。
親父が死ぬ前、病院に入院していた時、しきりに畳にこげんして円を書きよったんです。言葉にはならないし、体も震えているんですけど、子どもたちが来るとね、しきりに円を書いて「まるぅ（丸く）やっていけ」と。病気になるはるか以前からそういうことを考えてた。それから何十年経った今になって考えてみると、やっぱりそうでなければうまくいかなかったんじゃないかなと思い当たるんです。親父には先見の明というのは確かにあったんですね。俺は子どもの時から雑多な人たちの中で育ったでしょ。知恵遅れの人もいれば元気がよくて酒飲み過ぎて喧嘩する人もおる、男もおれば女もおる、大人もおれば子どももおる。そういう中に包みこまれて育った——親父風に言えば丸い輪の中で生きてきたなあって思うんです。

学校まで行くのにその頃はまだまともな道がなくて、また道があるところでも寄り道ばかりしてきました。ちゃんと歩けば一時間で着くところを三時間も四時間もかけて帰ってくるんです。途中に柿とか蜜柑とかビワがなっていてそれを盗って食って怒られたり、雨の降る日なんて鞄を頭の上にのせて海の中を歩いてきたり。潮が引いている時は藻がいっぱいあったし、カニやエビや小魚がいっぱいおるのを捕まえたりした。私たちの年代はそげんして暮らしてきたわけです。毎日が同じじゃなかった。

仲間は小さいのから大きいのまでいて、小さいのは年上の子から打たれもすれば習いもした。例えば、梅を青いうちに採ってきて砂の中にいけて(埋めて)おくでしょう。それが一週間ぐらい経つと黄色くなって塩味がついてちょうど食べ頃になってる。メジロの捕り方なんかも上級生から習った。メジロを捕るには、まず、おとりの鳥を鳥籠に入れてもっていくんです。メジロは椿の木に蜜を吸いにくるから、鳥籠を椿の木の上に掛ける。それで、折った木の枝にトリモチをつけて――トリモチは乾くと手にひっつくから唾をつけながらつけて、その木の枝をまたもとの木にくくりつけておくんです。するとね、おとりの鳥が鳴くのにつられてメジロがやってくる。ぱっと足がついた瞬間に捕まえるわけです。メジロがかかるまでは俺たちは木の陰に隠れて待ってないといけない。ポケットに入れておいたカライモや干したイワシを食べながらね。そうしてじっと息を潜めて待っている。もうすぐもうすぐ……それっ、かかった! ぱあっと走っていって、トリモチを外してやる。メジロには群れだって行動するものとそうでないものとあるから、一羽しか捕れないこともあるし、多い時は五、六羽捕れます。でも、どんなに捕れても一番いいのだけ残してあとは放してやるんです。だから、持ってかえるのはいつも一羽か二羽。不思議ですね。なぜ逃がしてやるのかなんて、誰も疑問に思わんとだもん。

一月七日に「鬼火」というのをやるんです。ところによっては「どんどや」と呼ぶらしいけど。木の枝や竹を家の高さになるぐらい山ほど盛るんです。最初に木で骨組みを作って中の方に枯れた枝を入れて、上に生木をかぶせてく。そして夕方になるとそれに火を点けるんです。バチバチと燃える音がするでしょう、それで鬼を退治するというわけなんです。また、その火で正月の餅も焼きます。三、四メートルの竹の先を割ってそれに餅を三つ挟んで一番先に橙《だいだい》とか蜜柑を結びつける。これは、竹が燃えないようにだけど、飾りということでもあるんでしょう。こうして焼いた餅を食うことで、その一年の無病息災を願う。こういう行事です。枝打ちの意味と、厄払いの意味と両方あったんでしょうね。

ところで、この「鬼火」を行うための枝を集めてくるのは子どもたちの仕事なんです。大人はただ、子どもたちが集めたのを組んでやるだけ。だから、冬休みになると子どもたちは毎日山の中に入って枝を集めて回る。長いロープを腰にくくりつけて毎日枝を切って回るんだけど、それでも必要なだけ集めるには十日から二週間ぐらいかかる。だから、三が日を除けば冬休み中はこれが子どもの仕事。

「鬼火」は子どもにとっては大きな楽しみでした。キャンプファイヤーとかでもそうだけど、炎に照らされている人間の顔っていいもんでしょう。あかあかとして健康そうに見える。輪になってひとつの点をみんなが見ている。中には持っている竹を焦がしてしまう者もあるし、餅を落としてしまう者、焼けた餅をばあちゃんに持っていってやるという者もある。うまく焼けなかった者に分け与えてやるというのもいたりして。なかなかいいものでした。何年か前までは小学校の行事としてやってたけど、最近はほとんどやってない。昔は天草の方からもあっちこっちで炎が上がるのが見えて、あっちがやっているからこっちもやらなきゃというのがあったけど、今はもうほとんど見られない。

学校

俺は勉強は好かんかった。でも、小学校に入る前、一日だけ体験入学みたいのがあったんですよ。今でも憶えているんだけど、井川先生っていう女の先生が問題を出した。三角と四角と丸があって、それを二等分に分けてくださいという。丸はどこからでも切れるし、三角も縦に切るでしょ。で、問題なのは四角なんだけど、他の子どもたちはみんな縦か横に線を入れた。俺は手を挙げて別の切り方がありますと言って斜めに線を入れた。それで褒められたこと、今でも憶えている。

音楽だけは得意で、よく褒められた。演歌から、童謡、浪曲まで、なんでも歌いますよ、こまんか時から。もとはといえば親父のそばで聞き覚えたものです。勉強は、自分で言うのもなんだけど、やれば人並みにできる自信はあった。でも兄貴をはじめみんなにこまんか時から、「おまえは漁師をせんばんとぞ」と言われてきたもので、勉強がばかばかしくて。「字ば捕りにいくとじゃなか、イヲば捕りにいくとぞ」って言われてたから。本当は、五、六年の頃、高校に行きたいなと思ったこともあったんです。でも中学までだと言われていたし。行けるとわかっていたら勉強したと思いますよ。

でも今思うと、勉強より大事なものがある、という感じも漠然とだけどあったんですよね。幼い頃から親父と舟に乗っているし、小学校の頃には兄貴の手伝いで一緒に漁に出とったでしょ。仕事自体はきついんですけど楽しかった。親父は小学校二年しか出とらんし、兄貴も勉強せんとイヲば捕っている。それを見てるから学校行かなくても生きられるっていう気がしてた。それに、生きものを相手にしている方がおもしろかった。学問だと、数字にしても漢字にしても自分が動かさない限り相手は動かんばってんが、生きものは勝手に動くでしょう。

親父が亡くなって、小学校に入る頃からおふくろに反発するようになってました。例えばこういうことがあった。小学校にしても、中学校にしても、入学式には新しい学生服を買うじゃないですか。するとおふくろはその入学式の一日しか着せないんです。汚れてしまうけん、もったいないと言って。他の子は着てくるのに俺は着せてもらえない。みっともなくて反発しよったですね。それでいて俺を馬鹿かわいがりする。授業参観なんかに来ると、他の生徒の母親は若いのに、うちのはもうその頃は五十になってましたから、格好も服も古びているわけです。それに、言うこともただ自分の子どもが大事というだけで、客観的にものを見るという感じがない。それで俺は学校にはもう来るな、と言いよったです。

中学校に入ってからも、俺にはしきりに大工になれとか左官になれとか、そげんことばかり言いよった。親父が死んだあとも兄貴たちにはずっと漁師になれと言われてたし、こっちももちろんそういうつもりでいるわけです。ひとつにはおふくろは農家の育ちなんですね。こげん話ばしよったですよ。「じゅしくゎんじん」、つまり「漁師乞食」という意味の言葉があるというんです。「勧進《かんじん》な、雨降りゃ橋の下なっとお宮の中になっと雨をよけとる。じゅしゃ雨ん吹いでん沖出ていかんばん、勧進より下じゃ」、と。ある時、娘が泣きやまずに困った乞食の親が、「あんまり泣くと漁師の嫁子にやるぞ」と言った。まあ、それくらい漁師というのは哀れなもんだというわけです。

小学校で作文を書かせるでしょ。父の日に、自分の父親について書いてくるという宿題があった。俺はそれが嫌で白紙で出しよったんです。先生は怒る。でも、「いないもんは書けません」と俺は言った。そしたら、「なんでおふくろさんのこと書かないか」と言う。「先生は最初にそんなこと言わなかったでしょ」と俺は言ったんだけど。クラスには俺の他にも親父がいない子がふたりいたんだけど、そういうことに対する気づかいというのが先生になかったんです。そのふたりは全く別のことを作文にしてましたけど。

小学校も高学年になると、水俣病のことが教科書に載っている。教師が授業でいろいろと言うんだけど、俺のことに対する配慮が全くないんです。俺はただ黙って耐えてた。「チッソという工場があって毒を流してたくさんの人が死にました」とさらっと流して言っちゃうんです。俺は一度、先生に「親父は水保病で死にました」と言ったことがあって、その時はさすがに顔色が変わりました。家庭訪問とかでわかりそうなものだけどねえ。

水俣病のことではいろいろ言われましたよ。小学校の三年ぐらいからかな。喧嘩した時の捨て台詞《ぜりふ》に「わいげん親父は水俣病で死なったがね」とみなの前で言う。また、学校の往き帰りなんかにすれちがうおばさんたちが「あの子は奇病で死なった福松さんげの子どもばい」と後ろの方で言っているのが聞こえてくる。腹が立って仕方が無かった。チッソはもともと肥料を作っていた会社だから、畑にチッソの肥料の袋が落ちてることがあって、そうすると踏みつけてましたね。

喧嘩は日常茶飯事でした。それも口先だけの喧嘩は少なかった。だいたい取っ組み合いでした。でも中学へ行くと、そうやって喧嘩したことのある者との方が仲良くなれた。真面目ぶった奴とは喧嘩もしなかったけど情もなかった。喧嘩はたいてい部落ごとにやるから、子どもの歳もいろいろです。険悪な雰囲気になると、自然と部落ごとにまとまっちゃう。年上の者が「やれー!」って言うと両方から石を投げあったり。でも、不思議と病院に担ぎこまれるというような怪我はないんですよね。よく喧嘩をすることによって加減がわかっていたんじゃないかな。

このあたりで集団就職が本格的に始まったのは一九六二年以降のことです。テレビと冷蔵庫が入ってきて、逆に人が出ていくようになってしまった。うちの場合は、親父が死んでからも漁で食べていけたけど、それでも学校で必要なものや、田んぼで使う農薬や機械だとかに現金を使うようになってきた。確か俺が小学校の頃にインスタントラーメンが出始めた。あの頃まではまだ、お弁当に卵焼きが入ってるだけで一日が楽しいという、そんな時代だったんですが。

成長するにつれて、政治に関心をもつようになっていきました。学校の成績はよくなかったけど、政治に関しては同級生でもこんなに関心あった奴はいないと思う。内閣の顔ぶれなんて全部覚えてましたからね。俺の中で、政治がまともだったら水俣病なんていう事件は起きなかったという気持ちがあったんです。あの当時は自民党政権でしょう。だから、気持ちの上では社会党や共産党といった野党を支持していました。ちょうど佐藤政権の頃で派閥抗争が激しく、政治家不信がひろがりをみせていた。俺も子どもながらに自分がこの世の中をひっくり返してやれたらと思っていたんです。チッソに対してというより、社会――こういう状況を作り出している社会の支配構造が悪いというふうに直感的に思っていました。自民党政権は大企業中心の政治をしているということはわかっていたから、それがひっくり返らんかなあと思っていたわけです。

一九六八年に政府が水俣病を公害病と認定し、翌年患者側が提訴します。わが家ではこの裁判が起こされる前に、原告になるかどうかの決定を迫られる時期というのがあったんです。当時、患者の団体はひとつしかなかったけれど、その中には裁判をしようという人たちとしたがらない人たちがいた。したがらない人というのは、裁判をすると金がかかって財産を失うんじゃないかとか、周りからいろいろ言われるだろうとか、そういうことを気にするんです。それで、うちでも裁判をするかどうか、きょうだいが集まって相談した。俺はまだ中学卒業直後だったけど「裁判をしよう」と言ったんです。でも、そういう意見を言ったのは俺ひとり。

この裁判の十年も前に見舞金契約（三四四頁参照）というのがあって、チッソが患者たちに対して金を払って決着を図ったんです。この契約の内容は死者でひとり三十万円とかいうひどいもので、その後、裁判によって公序良俗違反とされ破棄されましたが、その中には、今後チッソが原因であるということが確定しても一切補償を要求しないという条文があった。こういうものにやはりみんな縛られていたんだと思います。しかし俺は、このままじゃどうしても気がすまんけん、そげなはした金に騙されずに裁判をしよう、と言い張ったんです。ところが、兄貴たちはこう言うたわけです。「裁判をすれば財産を失うかもしれん。長いものには巻かれろと言うじゃなかか。世間は甘くなか」と。結局裁判には加わらずじまいでした。

裁判をした方がいいというのは誰かから影響を受けて言ったんじゃなくて、自分で考えたことです。殺された方が負けるわけはないと思っていたんです。それに、チッソを叩きたい、責任の所在をはっきりさせたいという気持ちがあったんです。裁判というものについての知識はまるでなかったけれどね。もうひとつ、このままでは親父にすまんという気持ち、これはその後もずっと長くあったです。とにかく親父に対しては並々ならぬ畏敬の念があったもんですから。

親父の亡くなった年に生まれた兄貴の娘ひとみは、生まれた時から水俣病だった。からだは変形しとったし、首はすわらなかったし、一晩中泣きっ放し。子守りしても、おしめを替えても、ミルクあげても泣きやまんしなあ、大分きつかったです。甥っこの達純《たつずみ》もまた胎児性水俣病（三四五頁参照）だった。みな同じイヲを食って生きていたわけだから、毒にやられてない者はおらんですたい。俺自身六歳（一九五九年）の時、毛髪水銀値が182PPMもあった。

親父が亡くなって以降、病気が緒方一族に顕著な形で現れたから、村では遺伝じゃなかかと言われたもんです。田舎のことだから、以前からくすぶっていた妬《ねた》みや嫉《そね》みもあったかもしれない。かつて隆盛したあの緒方家が……、というような。村の中で他にも亡くなる人は出たんだけど、水俣病とは誰も認めようとしなかった。認めてしまえば俺んちみたいに人からいろいろ言われるようになるから。遺伝だとか、伝染するとか言われて、子どもの結婚や就職の妨げになるし、補償を受ければチッソから汚い金を受けとったとか言われるでしょ。だから、死亡者が出ても中風だったとか神経痛だったとか言って、水俣病とは認めたがらなかったんです。自分たち自身に対しても、自分だけは違うんだと言っていたかったんでしょう。

最初の判決が出るまではそんなふうでした。ところが、裁判が進むにつれて、テレビや新聞で報道がされていって、チッソの責任が社会的に問われるようになってくる。それで申請する人も増えていったんです。それでも、ほとんどが周りに隠して申請していました

公保第５０１号

昭和６０年８月９日

緒方　正人　殿

熊本県公害部長

毛髪の水銀含有量について（回答）

昭和６０年８月９日付けで申し入れのありましたこのことについて、下記のとおり回答します。

記

緒方　コメ	２０．０ｐｐｍ
緒方　義人	７６．６ｐｐｍ
緒方　スズ子	７１．２ｐｐｍ
緒方　国光	４５．３ｐｐｍ
緒方　節子	９１．５ｐｐｍ
緒方　サチ子	６２．０ｐｐｍ
緒方　正人	１８２．０ｐｐｍ
緒方　茂実	２２４．３ｐｐｍ
緒方　政美	２２６．０ｐｐｍ
緒方　ヒトミ	３３．５ｐｐｍ
緒方　静男	５７．３ｐｐｍ

毛髪の水銀含有量についての熊本県の回答書（1985.8.9）

ね。うちの場合には外に向けては隠しようがなかったけど、やっぱり、同じような葛藤が家の中に影を落としてましたよ。水俣病についての会話はあんまりなかったです。確かに、水俣病でいいことなんて何もなかったですから。おふくろも兄貴も俺によくこういうふうに言いよったもんです。いまさらおまえが水俣病のことを言ったからって親父が生き返るわけじゃなかし、と。

胎児性水俣病の姪のひとみは、手足がよろけるという症状はあるものの元気でいます。施設で訓練もかねてイグサでござなんかを作ったりしてる。あれはしっかりしてますよ。もう大分前、NHKテレビが俺とひとみが話しているところを撮りたいと言ってきたことがあります。俺は最初、ひとみがこれを受けるかどうか、半信半疑だった。しかし、本人が出てもいいと言う。隠れるつもりはないって。それでその時、「おまえはチッソを恨んどらんのか」と訊ねてみたんです。そしたら、「恨んどらん」と言う。「起きてしまった過去のことよりもこれからをどう生きるかを考えているから」と。若い患者の場合、支援者が周りにいたせいでものすごく甘えている傾向があるんです。つまり、水俣病とチッソのことをとり上げてあれこれ言えても、自分がどう生きるかなんてなかなか語れない。ところが、ひとみの場合には、水俣病ということ抜きに生きようとしているところがある。親の反対を押しきって熊本の女子高校で三年間寮生活しましたし。そういうところは本当にしっかりしています。

甥、姪といってもきょうだいのように育ってきたので、こうした障害をもった人間が周りにいることを疎ましく思うということはなかったです。むしろ外の世界から守っていこうという気持ちだった。これについては親父の生き方からなんらかの影響を受けたと思う。金を稼ぐという点では影響を受けとり損ねちゃったけど。最近姉たちから、親父に似てきたなんて言われますが、やっぱりそう言われるとうれしいですね。

それにしてもなんで自分の家族が集中的にこういう目に遭うのか、ということは子どもながらに考えましたよ。他の身障者の場合と違って、相手、つまり、加害者のあることですから、出口がないという思いではなかったはずなんです。怒りを向ける先がある。現に俺は復讐してやろうと思っていた。だけど、それにしてもなんで俺のうちなのか、とは思いますよ。水俣病に限らず公害病は被害と言われるでしょ。しかし、被害であると同時に受難でもあると思うんです。その点では他の身障者の人たちの場合と同じです。そう捉えると、一歩進めるような気がする。でも、自分をただの被害者だと思っている限り、そこから一歩も進むことはできない。

家出

中学卒業して一年ばかし家の仕事して、家出したのが十六歳の時。家出したその日はとてもいい天気でねえ、バッグひとつ持って佐敷《さしき》駅まで歩いていきました。熊本行の高速バス「はやぶさ」の運転が始まったばかりの頃で、佐敷駅から熊本までの料金が三百六十円ぐらいでした。俺は一万五千円持ってた。駅まで行く途中で近所の池田さんって人に会った。俺はいい格好というわけではなかったけど、なんとなくよそに行きそうな格好に見えたんでしょ。どこに行くと訊ねられたんです。答えに困りながらも、なんとかごまかした。しかしその後も駅に着くまでは、帰ろうかどうしようか、今帰れば誰にも気づかれずにすむばってんが……、とずいぶん迷いました。おもしろいもので、人生の大事な分かれ道にはそうやって必ず何回か引き返すチャンスがあるもんです。実行にうつす前の考えている段階でも、実行にうつしてからでも、戻る機会は何度かあった。

家出は半年ぐらい前から考えてました。理由のひとつは漁業が目に見えて衰退してきたこと。もうひとつは、親父の跡を継いだ上の兄貴が酒乱だったこと。飲まない時は非常に

不知火海と対岸の天草を望む

よかですが、飲み出すと手に負えない。一週間に二回ぐらい暴れたわけですたい。俺に向かって乱暴するというわけじゃないんですが、家の中で暴れて物を壊したりする。そういうことが嫌だったんです。こまんか時からずっとそういうの見てきていたけど、自分は家の手伝いをして暮らしていくんだと心に決めてたし、実際、自分なりに一生懸命やってきた。それでも兄貴は変わらん。なんでわかってくれんのかという気持ちが俺には強くあった。思いつめて姉（長姉）に相談したこともありました。その頃からです、家出を考え出したのは。

家出に際して兄貴にすまないという気持ちは全くなかったです。むしろ兄貴の方でそう思ったでしょうね。といっても兄貴を恨んでいたかというと、そういうわけでもない。兄貴にとっても大変だったんです。親父が亡くなった時に兄貴はまだ二十代で、その時から本家という重責を背負わされてきた。親父が亡くなってからはうちで働いていた人たちも次第に自分で舟をもって出ていくようになり、うちの仕事の規模はどんどん小さくなっていく。そして周りからはいつも親父と比べられる。こういったことが兄貴を酒乱にした要因としてあったと思うんです。兄貴は俺が家出して一年ぐらいあとに夜中に心臓発作を起こして亡くなりました。

家出した時は、もちろん、家族が心配するだろうということも考えましたが、それ以上に、ここの磁力から離れることへの迷いが一番大きかった。それまでの俺にとっては、ここが全世界だったわけですから。ここから出てしまえば、あてになるものが何もないでしょう。ここでなら、一週間や二週間ならどこの家に飛び込んでも飯を食わせてくれる人がいるわけですが。何もかもがまるでわからない世界。知ってる人もいない。道もわからない。持ち金も少ない。迷いました。後ろ髪を引かれるような感じというのはこういうことなんでしょう。

それでも家を出ようとしたのは、外に出て自分を試したい、そして一旗揚げたいというのがあったからだと思う。俺も兄貴と同じで何かと親父と比較されることがあるんです。未だに「親父は一代でこれだけのものを築きあげたのに、おまえは……」って、従兄弟なんかには言われます。こうした視線に対する反動というのもあったんでしょう。そんなわけで、家出した時には、具体的に何をしようとか、何をしたいとかいうのはなかった。ただ大阪に行くつもりでいました。ここらあたりから仕事に出ていく人たちは大阪に行くのが多かったから。

バスに乗って八代《やつしろ》あたりまで来ると、引き返せないという気持ちが六割ぐらいになってきた。そして熊本まで来るとその気持ちは八割ぐらいになった。気持ちが全部前を向いているわけではないんだけど、ここまで来るともう帰れなくなるんです。熊本の交通センターという大きなバスターミナルでバスを降りてみると、もう方角が全くわからない。それでは街の地形を覚えようと、その周辺をぐるぐると歩き回ってみました。その間に仕事を募集しているところはないかとか気にしながらね。一角を回り終わったらまた別の一角を回るんです。鉄工所みたいなところがあったので、行って使ってくださいと言いました。しかし、漁師をやってたもんで顔が真っ黒でしょう。それに田舎臭い格好してバックひとつ持って、いかにも家出風なんですよ。だからなかなか相手にしてくれない。それで行くとこなくて、花畑《はなばた》町の映画館に入ってエロ映画を見たんです。前にそんなの見たことなかったからもうびっくりして……。

映画館から出てきてみたら、もうあたりは暗くなってた。飯は確かパンか何かを買って食ったんでしょう。金は少しは持っていたけど、旅館かどこかに泊まったのではすぐに干上がってしまいますから、バスの停留所のベンチに寝ることにした。冬の最中の一番寒い時のことですよ。縮こまって寝ていました。すると夜中の三時か三時半ぐらいに、「おい、おい」という声で起こされたんです。二十一、二の男の人でした。こんなとこで何をしているのかと心配そうに訊いてくれるんで、家出してきたことを打ち明けたんです。いろいろ話しているうちに、その人が自分の家に泊めてくれるというんです。

俺が寝ていたバス停のすぐ前にはモナリザという〝トルコ〟があったんですが、Tさんというその男の人はそこで働いている女性のヒモで、その時はちょうど彼女を迎えにきたところだったんです。それでこのふたりと車に乗って水前寺駅の正面の通りからちょっと入ったところにあるぼろいアパートに行きました。

その建物には四畳半のアパートが六つぐらいあって、トイレは共同でした。部屋には流しと押し入れがついていて、家具といえば小さいちゃぶ台がひとつあるだけ。しばらくして、もう寝ようということになったんです。でも、その日は俺、一睡もできんかったです。布団はふたつあったんですが、隣ではふたりが抱きついて寝てるでしょ。俺、そんなとこ見たことなかったから……。自分の家ではいつも広い部屋に寝てたし、第一うちには四畳半なんて小さな部屋はなかったですもん。隣の部屋の話し声は聞こえてくるわ、廊下を歩くミシミシいう音が響くわで、全然眠れんかった。

そのうち、七時頃になって夜が明けてきたんで、小便のついでに外に出て、そのあたりを回ってみたんです。うちではいつも早起きして仕事してきたわけですから、からだもなまっていた。それで散歩してたんですが、Tさんたちは起きてみたら俺がいないんでびっくりしたらしいです。てっきり盗人にやられたと思ったらしい。しかし、俺の荷物はあるし、盗まれた物もないんで、不審がって探しにきてくれました。「あの時はびっくりした」とあとからも言われたんですが、俺は逆に訊いたもんです。「あの時盗まれるような物があったんですか」って。だって、Tさんの彼女が〝トルコ〟で稼いだ金でその日暮らしでしたからね。こうして、その人たちのお世話になることになったんです。

俺は仕事をしようと思って、職業安定所に行きました。でもなかなか見つからなかった。保証人もいなければ住民票も移っていなかったから。それでも、一週間ぐらいしてTさんの口添えで運送会社に入ることが決まった。運転手の助手です。そこでは半年間ぐらい真面目に働きました。その間ずっとTさんのところに居候。さすがに四畳半では手狭なので下の階の六畳に三人で移りましたけど。また、給料を貰うまではTさんに食わせてもらってました。給料貰ってからもそう楽ではなかったですね。三か月ぐらいしてやっと月給が三万円ぐらいになったけど、一万円をTさんに払って、会社で食事してたから飯代を引かれて、残った自分の分の小遣いは一万円ぐらい。ぎりぎりの生活です。

Tさんは俺に仕事しろとは言わないんです。むしろ、自分の子分にしたかったみたいで。ひと月ふた月と付き合ううちに俺の人柄もわかってくるでしょ。そうすると自分の生まれ故郷に遊びに連れていってくれたりしよった。実家は熊本県北部の田舎で百姓をしていて、俺はそこで田植えを手伝ったりして、親父さんにもかわいがられました。そんなふうに人間関係はTさんを中心にしてその周りの人とも本当にうまくいってた。そしてだんだんと、〝トルコ〟の関係者とか、Tさんのお仲間とも知り合いになっていったんです。

酒も女もパチンコもそこで知ったわけです。知り合ってから何か月か経って、Tさんに「おなごの経験はあるか」と訊かれた。「なかです」と言うと、「それじゃ、連れていくけん」と言われて行ったところが〝トルコ〟。それはモナリザとは別のとこで、Tさんは金を払うと「何も知らんけん、教えてやってくれ」と言い残して行ってしまった。いや、これにはびっくりした。その頃は〝トルコ〟といってもセックスができるというわけではなく、限られたことしかできなかった。経営者の方もそういう方針で、女の人がブラジャーとパンティをつけて男の人を洗ってあげたりするだけなんです。それでも俺は入り口で「よかです」と言って帰ろうとした。「恥ずかしがらんでよかけん、手とり足とり教えてやるから」と言われるんだけど、恥ずかしくて恥ずかしくて……。赤や青の光に照らされながら部屋まで行くには行ったけど、なかなか服を脱げんかった。そうすると「脱いでよかよ」と言う。そのうちに服を脱がされて裸にされて、まあ、セックスはしなかったけど、いいところまでいったんですよ、俺。大事な部分を触られたりしたことなんてなかったからねえ。でも、若いから元気は元気なんですよ。こんなに気持ちがいいものかって感じで……。

仕事はほんと、一生懸命やりました。三十分ぐらい前から行って車洗ったりしてね。だから、仲間からも好かれました。仕事は運転助手だから、主にセメントや米、引越し荷物といった荷物の積み降ろしです。多い時には一日に五回ぐらい引越しがあることもあって、その都度、運転手とふたりで家具を持って階段の昇り降りです。都会で育った人というのは往々にして楽に仕事を済ませようという感覚がある。しかし、俺は一生懸命だったから、次第に、運転手の方から俺を指名してくれることが多くなった。それが三か月続いたところで、臨時採用から本採用になって、日給が五十円アップしたんです。

引越し屋をやっていると、その家の人の暮らしの様子というのが実によくわかるんです。呼ばれていくとすっかり用意のできている家があるかと思えば、ちっとも用意してない家がある。また会話からその家の夫婦の関係がどんなものかわかる。

そういえば、ある時荷物をおんぼろな家に運んだことがあった。引越しというのは普通はよりいいところに移動するものなんですがね。代金はいつも即金で貰うことになっていたのに、その家の人はあとから届けると言うんです。見るからに生活が苦しそうだったんで、俺たちはそのまま帰ってきました。帰って会社の経営者に事情を話すと、なんで金を貰ってこなかったのかと言って怒るんです。仕方なく、また取りに戻った。でも、どうしても金がないと言うんです。おそらく、家賃の不払いで移らざるを得なかったんじゃないでしょうか。どうしてもないと言うもんで、気の毒になって、俺の給料から引いてもらおうと考えた。それで会社に帰ったら、案の定、社長が怒るわけです。「でも、ないものからどうやって取れって言うんですか。俺の給料から引いてください」と言ったら、社長もそれ以上は言わなかったけど……。こういういろんな人たちの生活を見てきたことが、後々の人生に大きな意味をもったと思っています。

突進

ある日、トラックに乗って交差点で信号待ちしている時に、後ろから追突されてしまいました。それで首が腫れて二週間ぐらい入院したんです。ひと月ぐらいですっかり治ったんですが、Tさんが「これをネタに金が取れるけん、病院に行け」と言うんで、その後もしばらく、悪いとは思いながらも病院に通い続けてました。そのうちに、遊んでいても給料より多い金が入ってくるようになった。それで仕事にも行かなくなってしまったんです。金はあるし時間もあるから、だんだん遊びも覚える。パチンコ行ったり、Tさんの関係する右翼団体の事務所に出入りしたりして。Tさんとはもう義兄弟のようでした。俺は心から遊ぶのが好きというわけではなく、実はパチンコもあんまり好かんかった。ところが、Tさんは負けても負けても注ぎ込むたちなんです。俺は、Tさんの財布預かってたんで、あんまり負けが続くと、ばかばかしいんで金渡さなかったです。時には、「親父さんや妹さんのことも少しは考えてやった方がいいですよ」と説教したこともあったくらいです。それでも、Tさんは気を悪くしないで、ずっと俺のことをかわいがってくれました。

Tさんの兄貴分というのが熊本のある右翼系の暴力団に入っていたんです。それで、俺もそこでたまに寝泊まりしたりするようになった。そこは、覚醒剤の売り渡し、飛び込み詐欺、金貸しなんかをやってました。飛び込み詐欺というのは例えばこんなことです。貴金属店を開いて貴金属を仕入れて、最初の数回はちゃんと手形を落とす。それで最後に大量に仕入れてドロンするわけです。その筋の専門家が来てやるんです。ドロンするのは金曜日。銀行は土日が休みだから相手が気づくのは月曜日。その間、時間が稼げるというわけです。覚醒剤は五回ぐらい経験があります。あれはとっても気持ちのいいものですが、きれるときつい。疲労感がものすごいです。兄貴分たちは、打つなと言っていました。打てばどうなるかということはよくわかっていたから。

そこの組は暴力団とはいっても、俺にはみなとてもいい人に見えた。いわゆるチンピラのように素人をいじめることもなかった。俺が出会った人たちがたまたまそんなふうだったということなんでしょうが。ただ、今思えば、その時の自分は腑抜けになっていた。働かずに遊んで暮らしている人というのを初めて見て、自分もそういう暮らしに染まっていきました。いつの間にか社会に対する不満とかチッソに対する怒りとかも俺のうちから消え失せていた。魂が抜かれていたんです。

そうこうしているうちに、俺も右翼団体の構成員になっていた。主義主張というものは一緒にいるうちにだんだんと聞き覚えるんです。「日教組打倒」と「北方領土返還」が大きな二本柱。とは言ってもこれも表看板にすぎず、結局はやくざと右翼の使い分けでしかないんですがね。たいした勉強してたわけじゃないし。ある時、俺、「なんで天皇を擁護せんといかんのですか」と訊いたんです。「別におらんでも不自由はなかじゃなかですか」と。そしたらみな驚いて「おまえアカか」って。俺にとってはごく素直な疑問だったんですけどね。

そこにいた連中はいろいろ口では言っていても、心の底からそう思っているというわけじゃなくて、看板としてそう言っているだけなんです。そして存在をアピールするために暴れたりしているわけです。そういうところに入ってくる若い人というのは主義主張なんてどうでもいいんです。俺自身もあの頃はそんなに理屈でものを考えなかったもん。ああいうところは理屈に弱い人が行くんです。また、幸せな境遇で育ってこなかった人というのも多かった。左翼はまず、その人がどういう思想をもっているかということを確かめるでしょう。でも右翼は「金持ってないのか、じゃあ一緒に飯でも食いにいくか」というところから始まるわけです。左翼も右翼みたいな連れ込み方をしたら、もっと大きく組織できるんじゃないかなあ。

ある日、「自衛隊沖縄派兵阻止のための九州集会」という看板を熊本大学の構内で見かけたんです。家出して二年目の九月のことです。その頃、ちょうど右翼団体の集まりが熊本であったんで、俺、提案したんです。こういう看板見たんだけど放っておいてよかですか、と。そしたら、よし、それでは行こうということになった。場所は清水駐屯地の前。最初の一時間ぐらいはにらめっこでした。学生運動の側はマスクしてデモしているのが何百人かおった。熊大から駐屯地までずっとデモをしてきたんです。こっちは熊本から二十人ぐらい、鹿児島からは十人ぐらいで、戦闘服みたいなカーキ色の服着て、ジープに旗立てて来ていた。指令があるまでは動くなと言われていました。駐屯地の入り口には自衛隊が銃を持ってずらっと並んでいて、その横には機動隊も来ていた。そして野次馬もいっぱい。全部合わせて二千人を超える人がおったでしょう。一触即発の状態ではあったんですが、何も起こらずに終わろうとしていました。

デモ隊が帰ろうとしていたその時、俺、後列の方を目がけて突進したんです。このままあいつらが帰ってしまったら、何もなかったことになってしまう。にらみ合いはしたものの、実際には行動にうつせずに終わったと思われるのが嫌だった。だから、命令がないまま、突走っていったんです。素手のまま走り始めて、途中で落ちていた角材を拾ってデモ隊に殴りかかった。すると、機動隊がワッと襲ってきた。あちらは強いですね、大勢だし。ふたりで俺を抱えるんです。その間にもデモ隊が俺に襲いかかってくる。竹槍で突いてくるんです。やっぱり怖かった。何十本って突いてくるんだから。俺が護送のバスに乗せられてからも開いていた窓に向けて竹槍で突いてくる。

そのバスの中で警察にはもう俺の名前も住所もみんなわかっていたんです。俺は何も喋っていないのに。日頃からチェックしてたんでしょうね。警察には何日か拘留されました。当初は、逮捕されるのを覚悟でやったぞ、という誇らしい気持ちがあった。それに、自分のやったことについても仲間のことも一切喋らなかったんで、取り調べをうまい具合にくぐり抜けたという思いもあった。べらべらと喋る奴は警察にさえ信用されないものです。未成年だったからそのあとは鑑別所に送られて、そこに六週間ほどいました。すんなり罪を認めれば、初犯だし、大きな怪我をさせたわけじゃないし、そんなにかかるはずじゃなかったんですが。

鑑別所にいた時のことです。教官が俺にこう言ったんです。右翼などと言っていい気になっているが、おまえの親父は水俣病で死んだんだろう。右翼が本当はどういうことやってるのかおまえは知らんのか、と。そう言われた時は何も言えんかったです。それはちょうどチッソに対する裁判が進行している時で、株主総会に患者が押しかけていくと、チッソに雇われた右翼が偽装して患者に暴力をふるったりしていた。そのことを言われて俺は言葉がなかった。初めてでした、口答えができんというのは。そしてその教官はこうも言った。「おまえはこういうところにおる人間じゃなか。田舎に帰れ」って。確かに、周りの連中と比べてみて自分がどうも違うというのは前々から感じていたんです。方言が直らんし、色が黒くていつまでも違う顔つきしとるし。なんと言うか、出が違う。つまり、心から悪《ワル》にはなり切れんのですね。そのうち家族も呼ばれて面会にやってくる。そして帰ってこいと言う。初めのうちは俺にも、一旗揚げるつもりで家出した者が警察に捕まった末にどの面さげて帰れるか、という思いがあったとです。それでもしまいには説得されて、結局帰ることになった。

出所して三日間はあちこちに挨拶して回りました。迎えにきてた家族にとっては、俺に挨拶回りをさせるのは賭けだったでしょう。俺が本当にちゃんと足を洗って帰ってくることができるのか、かえって抜けられなくなるんじゃないか、と。でも、帰ることはもう心に誓っていて、例え指をつめることになっても帰ろうと思っていた。ただ俺はきちんと礼儀は尽くしたかった。それで、お世話になりました、とだけ言って回ったんです。取り調べで何も喋らなかったことは、俺が言わなくてもみんなわかってます。組からスムーズに抜けることができたのはそれがあったからだと思います。それに、命令なしにデモ隊に飛び込んでいったのが、右翼団体への貢献ということにもなっていたようです。右翼団体の行動力を世の中にアピールしたというわけでしょう。

Tさんとは本当の兄弟のようになっていたから、向こうも手放したくなかったみたいです。挨拶回りをする三日間の間、俺を説得しようとしていた。でも俺は「自分で腹括って決めたことだから、帰ります」と言って、出てきました。

それにしても家出していた間、実にいろんな人に出会いましたね。水商売の世界も見てきたし、麻薬に溺れる人の世界も見てきたし、人間の弱い面や汚い面もいろいろ見てきた。ただ、その一方で人には本当に恵まれていたなという気がする。どこへ行ってもかわいがられました。普通、やくざの世界はそんななまやさしいもんじゃないと言われるでしょ。でも俺の場合なんの後腐れもなく出てきて、そのあとも何ひとつ問題がありません。どちらの側にも恨みを残すことがなかったんです。あのまま帰ってこなかったら、どういう人生だったかはわからない。しかし、まともな人間じゃなかったことだけは確かですね。

芦北町湯浦川の鯉のぼり

Ⅱ　舟出

一九九三－一九九五

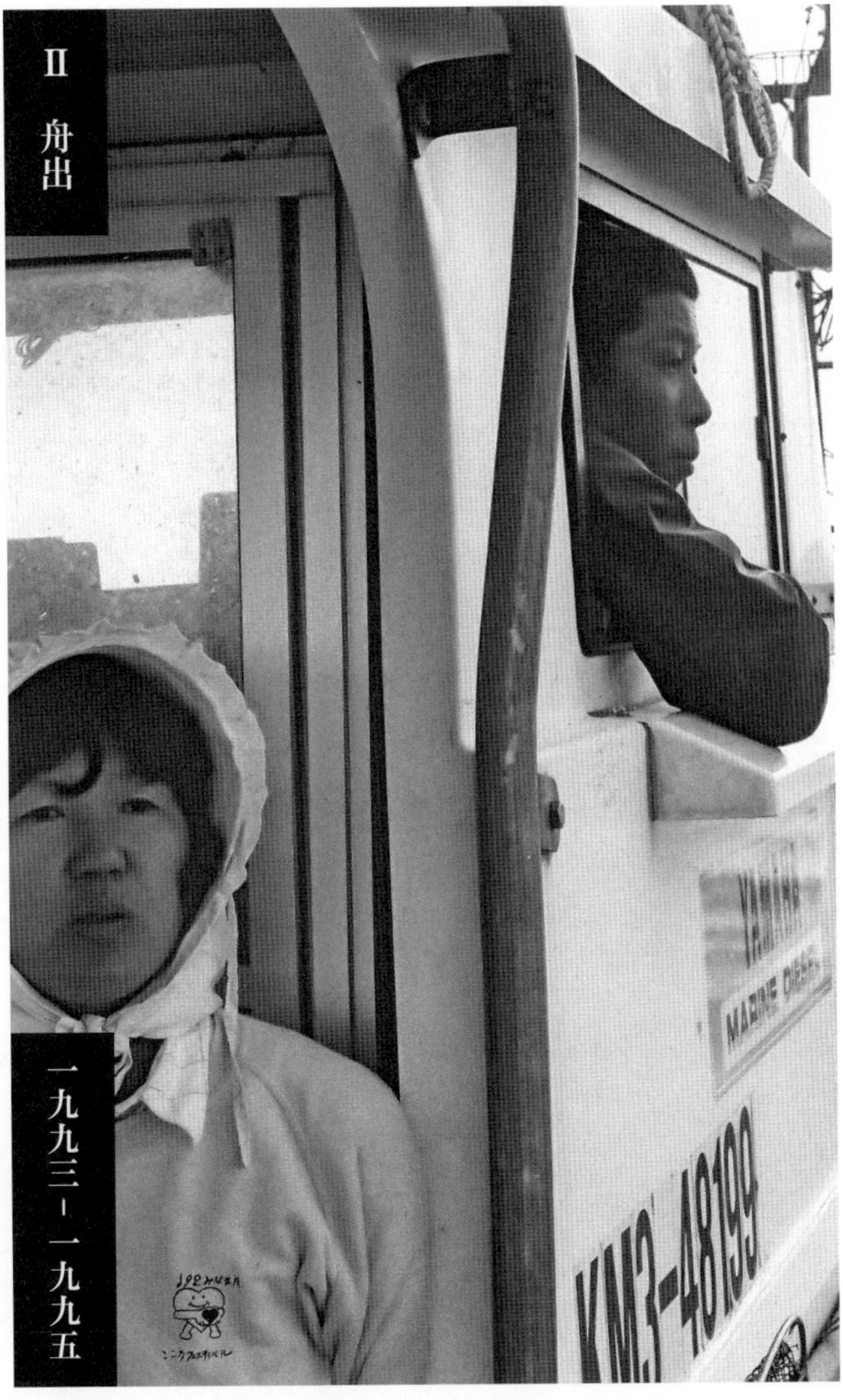

若潮

村に帰ってくる時はとても不安だった。家出する時には、一旗揚げようなんて意気がった気分で行ったわけですから、どの面さげて帰れるか、という気持ちだった。村の人たちは俺がどういう経緯で帰ってきたかを知っているだろうから、簡単には受け入れてもらえないだろう。非難され蔑まれることがあるかもしれない。しかし俺は決意していたんです。俺にとっては、生き直しでしたから。何があっても半年間は我慢しよう、と。とりあえず半年間。それでダメならもうしばらく辛抱しよう。そう覚悟していた。実際、帰ってきた時の村の人たちの反応は非常に冷ややかなもんでした。兄姉《きょうだい》や親類の間にも、俺が「恥さらし」だという雰囲気があって辛かったねえ。しかし、そういう態度も三か月、四か月と経つうちに少しずつ和らいで、半年も経つ頃にはずいぶんととけ込めるようになっていた。

家に戻ってから一年半ほどは、近くに嫁いでいる姉の家の手伝いをしとったんです。でも、やっぱり手伝いだけじゃなくて、舟をもって漁を始めようということになって、俺と茂実（甥、もとえの跡取り）とその弟と三人でやることになった。舟は十メートルちょっとの大きさの「若潮丸」。若潮というのは小潮から大潮に変わった時の潮のことで、それに俺ら三人の若さをかけたんです。

ところが、船ができたちょうどその頃、徳山湾と有明海のいわゆる第三水俣病事件（一九七三年五月二十二日、朝日新聞が「有明海に第三水俣病」と報道。その後、誤報と結論づけられた）が話題になり、全国的な水銀パニックが起こって魚の値が大暴落した。一九七三年のことです。すでに一九六七年頃からチッソは水銀を使うことをやめていたので、水俣湾の汚染はともかく、沖合いにはかつてのような汚染された魚はもういなかったんです。それなのに……、参りました。俺らにできることといったら、こまんか時からずっと見てきた漁ぐらいのもんですから。

今から思えばそれが俺の転身の伏線になっていた。第三水俣病事件のパニックとそれに続く魚の大暴落がきっかけで、不知火海の漁業組合が再びチッソに漁業補償を要求して工場封鎖をやったんです。それまでチッソは水俣漁協以外には何も補償していなかったんです。要求額は確か百五十億とかいうものすごい高額だったです。七月には、抗議のために海上から一斉にチッソに押しかけていきました。この女島あたりからも何艘か舟が出た。俺も近所の人たちを乗せて、軍艦マーチを鳴らして行きよったもんです。別に一番乗りするつもりはなかったんだけどたまたま先頭になってしまった。でも、あれは気持ちよかったなあ、指揮官のようで。水俣湾に入って、俺が旋回したら、後ろの舟がみんなついてくるわけですたい。

それから陸に揚がって、集会をしてデモ行進をした。以後、封鎖闘争を三日間交替でやったとです。持ち場は各漁協で分担した。うちの漁協の担当は正門。他はチッソの原材料を運び出す梅戸港を封鎖したり、鹿児島本線へ向かう引き込み線を封鎖したりして。それを二か月ぐらい続けてやったんです。俺たちはテントを張って、辛うじて人間が通れるぐらいの隙間を開けて封鎖した。原料が入ってくるのを阻止していたんです。こうして、こまんか頃からずっと親の仇と思ってきたチッソというものの前に、俺は初めて立つことになったわけです。

この一九七三年というのは、第三水俣病事件の一方でちょうど水俣病第一次訴訟の判決が出た年でもありました。一九六八年に政府が水俣病を公害病と認定し、翌年に患者側が提訴していた。その裁判が四年かかって患者の勝訴となり、チッソと補償協定を結ぶことが確定した。そしてそれ以後は、未だ認定を受けていない患者との問題へと焦点がうつっていく。チッソの社会的責任がいよいよ公然と確認され、それが患者たちには転機になったんです。原告以外の人たちを認定申請という点に結集することで翌年、水俣病認定申請患者協議会が結成され、運動が新しい段階に入っていくわけです。しかし、俺にとって決定的な転機となったのは、その頃続々と外部からやってきていた支援者と接触した時でした。

同じ一九七三年の夏、うちのすぐ近くに運動の支援者が四人住みついたんです。男三人と女ひとりでした。学生運動を体験してきた連中で、一軒の家を借りて、その近くにある唐船岩《とうせんいわ》の名をとって唐船荘と名づけていた。俺はよくそこに遊びに行きました。しかし、村全体としてはものすごく警戒心が強くて、彼らが青年団に入りたいと言っても敬遠していた。全く異質な人たちが突然入ってきたわけですからね。しかし俺はそれだけに知りたかった。何者なのか、何を考えているのか。青年団には俺が保証人になってやっと入れてもらえた。びびっている者もいたけど、俺が責任とるからって言って。責任とるったって、実際にはとりようがなかですがね。

俺は焼酎やイヲを持ってしつこく遊びにいった。夜中の二時、三時、へたすると明け方まで寝かせない。とにかくこの俺と同世代の連中のことを知りたかったんです。俺の場合は父親の仇としてチッソを恨み、憎んでいたわけで、この感情はごく個人的でわかりやすいものです。彼らみたいに他人のために、個人的な動機なしに無欲で行動するなんてことが本当に可能なのか。よそから来た人たちが水俣病を自分の問題とするなんてことがあり得るのか。その辺を知りたかったんです。

まあ、大学生と話をすること自体が初めての経験で、もの珍しいということもあったし、彼らと将棋するのが楽しみということもあったけど。彼らにはとても人間臭さを感じました。すごく質素な生活をしてました。着るものも食べるものも差し入れでまかなっていたみたい。唐船荘の壁には、マルクス、レーニン、毛沢東なんかの写真が飾ってあった。俺が、「このおじさんたち誰だ？」なんて訊くと、向こうは「知らないのか」って驚いていた。名前を聞けばわかったけどね。とはいえ、彼らは思想的な主義主張についてはあまり語らなかった。

でも、チッソや水俣病事件のことは歴史的なことを含めて俺よりもよく知っていて、こちらもそういったことを訊きよった。俺はチッソに対する恨みはあっても、そこに行政とか、国家とかがどう絡んでくるのかはわからなかった。化学的、医学的にみた水俣病についても無知だった。そういうことも彼らと交流しているうちに少しずつわかるようになった。「あんたたちがここへ来て、こうした暮らしをしていることを親は理解しとるのか」って訊ねたこともある。そしたら、「理解なんかしていないが、反対を押しきって来ているんだ」と言ってた。「大学もちゃんと行きたいが、このままじゃ卒業できないんじゃないかな」と言うのがいるかと思うと、「あんなとこ行くとこじゃない」と言うのもいる。俺は高校に行きたくても行けなかったというのにね。

そうやって彼らと語り合ううちに、俺の中にあるものが少しずつ目覚めてきたんです。何の個人的な恨みもないはずの彼らが支援という形で外から来ているのに、俺は親父の仇討ちと言いながら、水俣病に対して何もやってこなかった。これでいいのか。こんな自問が始まった。彼らにそういうことを言われたというのではない。彼らの方から俺を運動に誘ってきたということもないんです。よそ者の彼らは、地元にうちとけるために慎重に行動してましたから。あんまり目立つようなことはしないようにしてた。ただ、俺が個人的な恨みでチッソを潰してやりたいと話すと、彼らはこんなふうに言っていました。そういう思いをもっている人は他にもたくさんいるんだから、そういう人たちと力を合わせて闘ってはどうか、と。

彼らが来る前も、地元の患者の中に熱心に運動している人はいた。でも、その頃、俺はまだ家出の傷を癒すことと生活に慣れることで精一杯だった。もともとここは選挙運動が激しい地域で、選挙の時期になると火花散らしてる。でも、俺は昔から阿呆じゃないかと思ってた。所詮、狸と狐の違いでしかないから、どちらにも投票する気はなかった。この地域で選挙戦が激しくなるのは、選挙の時だけが唯一、自分の社会的な存在価値を確認できる時だからでしょう。政治家が頭を下げるのはこの時だけ。村人がもてはやされるのはこの時だけですもん。後援会は村人の争奪戦を繰り広げ、また、村人の方でも、どこかに入っていないと不安になるんです。俺は小学校の頃からこんなのはニセモノだと感じていた。俺が探しているのはこんなのじゃない、という直感があった。ここにも幼い時に親父をああいう形でなくしたこと、それがやっぱり影響していたんだと思うんです。

やって何が悪い

俺の場合、分岐点とか節目とかいうのが非常にはっきりしてるんです。親父と別れる時、家出すると決めた時、帰ることを決意した時、運動に入った時、そして運動から抜けた時、いつもそうでした。そうやって思い悩み、決断したことに対しては一度も後悔したことはない。その点では自分を偽っていない、逃げてこなかったという自信があるんです。もしここを間違えていたら、全くくだらん人生を過ごしていただろうと思う。

俺は一九七四年に熊本県知事に自分の水俣病についての認定申請を行い、水俣病認定申請患者協議会に入って、運動に没頭していきます。それで、生業である漁の方が留守がちになった。忙しい時には、ひと月の半分くらい外に出るようになった。周りからもいろいろ言われるし、自分としても辛かったです。だって説得力のある弁明なんてできないでしょ。一銭にもならんことをして。例の支援の四人も俺がここまで運動に深入りするとは思っていなかったみたいです。役人と交渉したり、警察に押しかけたり、医者たちを追っかけ回したり。とにかく激しかったですから、俺は。言葉使いも悪かったし、役人たちを足で蹴とばしたり、灰皿投げたりしよったもん。

翌年の一九七五年には、申請協（水俣病認定申請患者協議会）の副会長に選ばれた。その時には、俺のような若いもんでいいのかなと疑問に思ったけど、なんだか選ばれちゃって。以後六年くらい、事務局長の仕事を兼ねていました。よく県庁なんかに押しかけていったんです。県庁の方でも、公害部に回されてきた人たちは大変だったみたい。俺たちに対応するのが嫌で、どうにかして早く他の部署に回してもらえんかと思ってたらしい。特に、ヒラの役人だと一か所に留まる期間が長いですからね。気の毒といえば気の毒です。俺は裏取引があるとみられるのが嫌だったから、役人たちとはひとりでは会わないように気をつけていた。それに飲酒運転やスピード違反もしないようにしてた。そんなことで捕まったら、申請協のみんなに言い訳できないでしょ。

いつも逮捕されるくらいのことは覚悟してやってましたが、副会長になって間もなく一九七五年の九月に、県議会議員の「ニセ患者」発言に抗議しに行ってとうとう逮捕。「ニセ患者」発言というのは、熊本の県議が環境庁で「水俣病患者には金目当てのニセ患者が多い」と発言した問題のことです。水俣病ではないと県知事から棄却された患者が、行政不服申請という手続きを環境庁に起こしていた。そして環境庁もそれを認めてたわけですよ。つまり、県知事の判断が間違っているとしたんです。そしたら、今度は県の側が、水俣病じゃない人まで認めろというのか、と運輸省と環境庁に逆陳情したわけです。金目当てのニセ患者まで、と。公害対策特別委員会の委員長をしていた県会議員の杉村というのと、水俣市出身の斉所という奴。このふたりが発言した。

この「ニセ患者」発言のことを新聞で知って、なんちゅうことを言うのかと思った。それでみんなで相談して、九月二十五日、県議会の公害対策委員会の日に、バス三台、総勢

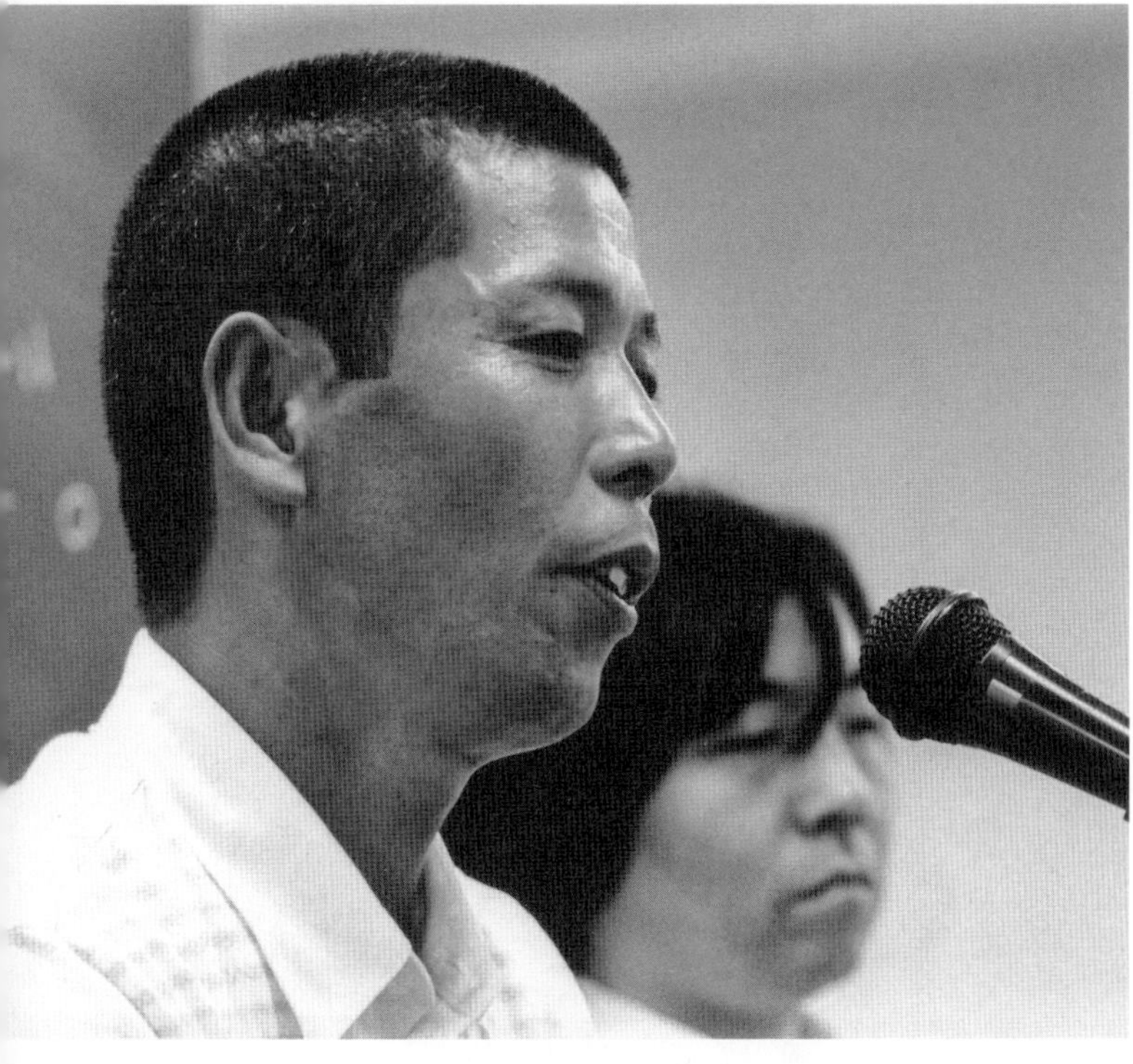

百五十人で抗議に行ったんです。ちょうどその時リーダーの川本輝夫（一九三頁＊1）さんはカナダにインディアンとの交流に行ってて留守していたもんで、この件に関しては俺がみんなの指揮をとった。

　当日、現場にはすでに私服警官が五十名ぐらいいて、ビデオカメラも五、六台回っていた。ものものしい警備。ところが、肝心の会議は始まって一時間もしないうちに一方的に休憩が宣言されてしまったんです。宣言されるや否や、杉村たちは出ていこうとする。俺はこれは怪しいと感じて「休憩なら、また、あとで再開されるでしょうね」と念を押した。すると、案の定、「これで本件を打ち切ります」と言う。つまり、奴らは逃げ出したんです。俺たちはすぐにあとを追った。杉村は警備員に囲まれて廊下を逃げていたんですが、俺をはじめ患者たちが押さえにかかっていったもんで、もう両者入り乱れての団子状態でした。

　これで逮捕されることになるとはね。暴行および公務執行妨害だって。確かに俺は殴りもしたし、蹴りもしたから、心当たりがないわけじゃない。でも、向こうもやり方が汚いんです。テレビのニュースに出てきた杉村は、包帯で頭と手足をミイラみたいにぐるぐる巻いて、車椅子に乗っていた。ここまでやるのはいくらなんでも大袈裟ですよ。それにあとからわかったことなんだけど、県警には前日から捜査本部が置かれていたんです。前日からですよ。にも関わらず、俺が逮捕されたのは現行犯ではなくて十日以上あとの十月七日。この手の事件は普通現行犯逮捕なのに変でしょ。県議会も県警も、明らかに「ニセ患者」発言に対する風当たりの回避を狙っていた。それで、暴力沙汰を大きくとり上げて、俺たちの運動にダメージを与えようとしてたんです。

十七日間拘留されて起訴されたけど、最後まで争った。だって、こっちは殺されてるんですよ。最初は「やって何が悪い」という裁判をしようと思った。まあ、弁護士さんたちには「気持ちはよくわかるけど、そういう裁判をするのは至難の技なんだよ」って言われましたけど。地裁だけでも四十数回の公判をやって、最高裁までいって、十五年以上かかりました。結局、有罪。だから前科一犯。

水俣の相思社が我々の運動の拠点でした。ひと月に何度か泊まり込んだもんです。会議で遅くなって、くたくたになって、焼酎でも入ってしまうともう帰れませんから。正式には財団法人水俣病センター相思社といって、一九七二年に準備が始まって、一九七四年の春に完成した。患者、支援者、文化人が呼びかけて、外からの支援金を集めてできたものです。一次訴訟の判決が一九七三年にあって、数か月後にチッソからの補償協定書を勝ちとるわけですが、相思社は設立にあたってすでに、補償の先にある問題を見据えていた。つまり、補償を受けとることによって逆に患者が依りどころをなくして、社会的に疎外されていくという懸念をもっていた。だからその依りどころを——寄り添い、寄り合って生きてゆく場を——つくろうとしたわけです。〝もうひとつの世〟を志向するというのが、設立の趣旨に含まれていたんです。

相思社が設立されたばかりの時にたまたま申請協ができて、未認定の患者の問題がクローズアップされたもんで、そこが申請協の運動の拠点として機能するようになっていくんです。それは活気にあふれていましたよね。特に俺にとっては同世代の人がいっぱいおったし。単にチッソでなく体制そのものと闘っているんだという実感が、俺ばかりでなくほとんどの人間の中にあって、それをひしひしと感じていた。酒飲むとインターナショナルや労働歌を歌ってね。警察ともよくやり合ってましたもん。出頭命令のハガキもよく来てたし、村への聞き込み調査もあって、いつも緊張感がみなぎってた。ええ、俺の気持ははっきりしとったですたい。世の中ひっくり返してやる、と。

ただ水俣病運動では、当初から患者の意見がいつも先頭にあって、支援者たちの主義主張や党派性が表立って出てくることはなかった。以前からさまざまな運動をしてきた大人たちの反省があったんでしょう。また彼らが、党派に引っ掻きまわされた三里塚闘争の轍《てつ》を踏ませないように細心の注意を払っていたということもあります。もともと、こういう公害とか患者とかの問題というのは、左翼の苦手な分野でもあった。水俣病の場合、長い歴史があるから、にわか仕立てで踏み込んできたって、使いものにはならんのです。

〝西の水俣、東の三里塚〟なんて言葉があったくらいで、水俣は九州の人権運動や住民運動のネットワークの中心になっていた。いろんな運動家が訪れてきたもんです。三里塚はもちろん、大分の火力発電所建設問題、鹿児島の石油備蓄基地建設問題、長崎の干拓問題、カネミ油症問題など、開発や公害をめぐるさまざまな住民闘争と横のつながりをもっていたし、また部落解放運動に学ぼうということで、映画上映会をやったり、解放同盟と交流したりしてました。

以前から運動のリーダーだった川本輝夫さんは一九三二年八月一日生まれだから、俺とは歳は離れています。でも、ふたりで中心になってやっていました。楽しかったといえば楽しかった。呼吸が合ってたんですね。そもそも俺が運動に入っていく動機のひとつに川本さんの姿があった。というのは、権力とかチッソとかに対してからだを張るような人が水俣にもいたのか、という発見が俺を動かしたという面がある。俺の場合逮捕されることで、向こうがその気ならこちらもというふうに逆に腹が決まっていったとですが、川本さんにも逮捕をいとわずに権力に対して身を晒していく姿勢を見て、俺は共感したわけです。この人についていこう、この人の胸を借りようと感じたわけです。特に最初の数年はふたりの息がピッタリ合っていて、それを周囲も感じていたようです。もちろん、他の人たちの意見も聞いてやっていたわけだけど、やはりふたりの話し合いが運動の中心だったと思う。

川本さんは若い頃は炭鉱で働いたり、日雇い仕事もしとったそうです。一九七〇年頃は看護士をしてました。看護学校行って、看護士の資格を取って。あの頃はまだ少なかったですね、男の看護士というのは。親父さんが漁師で、やっぱり水俣病で亡くなっている。本人も認定患者です。最初の頃から、自分で患者の掘り起こしをやって、企業行政側にかけ合っていた人です。俺は根が横着なんでしょう。年上だからって怖じ気づいたり、遠慮したりってことがないんです。ふたりとも過激だったけど、どっちかっていうと、俺は川本さんより武闘派じゃったけん。

裁判にも具体的に関わるようになって、東京に月に二度行くなんてことも珍しくなかった。最初はわからないことだらけだったけど、あれも慣れです。俺は本を読んだりはしないで、すべて実地勉強でした。わからない言葉があると、辞書を引いたり人に訊ねたり。

抗議文の中の字が間違ってたりすると迫力ないでしょう。だから、一生懸命覚えたんです。それでまた、必要に迫られて覚えたものって忘れんのですよ。言葉以外の実践的な面でもそうでした。裁判の時には泊まり込みで戦略を考えたりするんです。役人は言質をとられんように何を訊かれてものらりくらりと答えるのが手でしょ。そういう時には機先を制したり違う角度から入ってみたり、と攻略法をいろいろと考える。実際にその手がうまくいって、相手から言わせたい言葉を引き出せたり、こちらの掌中に入ってきた時なんかはおもしろかったですね。向こうの方が被害者顔してたりして。そうやって、自然と兵法のようなものも身につけていきました。

一九八一年には、申請協の会長になりました。水俣病事件では今も、国を相手に大規模な裁判をやっている人たちがいますが、あれを考え始めたのは我々の方が先だったとですよ。チッソの責任より行政の責任の方の追及に力を入れていたから。我々の闘争課題のひとつに、患者認定の遅れを問うということがあって、一九八〇年以降の時期は県知事を相手に行政の不作為、つまり、怠慢に対する裁判をやっていました。生活保護の申請をすると認定されるのは三か月以内と決まっている。普通はそういうのがあるんです。しかし、水俣病患者の認定の場合、いつまでにという決まりがなく、そのため、長い間待たされてきた。これが違法であるということについては、七〇年代半ばの段階で我々が勝訴していました。ところが、その判決では認定か棄却かの決定をする期限を明示しなかったもんだから拘束力がない。それで仕方がないから、一年につきいくらかずつ請求するという裁判をやっていました。でも、そうやって待っていても認定されるとは限らない。八〇年代に入ると認定される割合は非常に少なくなってきて、申請者の一割ぐらいしか認定されない。七〇年代はおよそ七割だったんですが。これには認定基準の問題が関わってくるので、私たちは現行認定制度に代わる救済措置を求めていたわけです。

闘争と結婚しとっとやって

結婚は一九七七年五月です。結婚する時、うちの女房には「俺はおまえより先に水俣病闘争と結婚しとっとやって」と言った。「誰がなんと言おうと、おてんとうさんが西から昇ろうと、俺の意志は変わらんぞ」と。女房は小中学校の同級生。だから仲人はたてたけど、形だけのつもりだった。ところが向こうの親が、仲人に条件つけてきたんです。結婚するなら運動やめてくれと。それでうちの叔父が俺のところに説得にきた。その叔父も、俺が「はい、そうですか」とやめるとは思っとらんのです。それで、こげん言うたわけ。「ねえ、正人。昔から仲人の嘘は罪が問われんことになっとる。運動やめるとおまえが言った、それを俺が聞いた、ということにしてくれ。そのあとで、あれは嘘だったと言っても、咎《とが》められることはなか。嘘でよかけん」

そう言われた俺は、「嘘でよかならよかばい」とだけ言った。三日も経てばばれる嘘なんですけど。あとで相手方の仲人に言いました。「俺の意志を変えさせることができるのはこの世に誰もおらん。親の意見も拒否してるのにそんな簡単に変わるもんじゃなか」と。

もともと頑固者でもあるし、仮に運動やめようとしてもできなかったでしょう。やめてしまえば俺が俺でなくなってしまったでしょうから。ここに一升瓶がある、でも、それをないものと思えと言われたって、見てしまったものはいまさらどうにもならんでしょう。

家族は、「何もおまえが運動やらなくったって」とよく言っていた。でも、じゃあ誰がやるっていうんですか。「俺がやっていることは間違っていると思うか」と逆に訊くと、間違っているとは誰もよう言いきらんのです。だから俺はいつもそうやって押しきってきた。

そのうち、だんだん村の人も誰も何も言わなくなってきました。けれど、それは理解し

妻のさわ子と（撮影・宮本成美）

ているということじゃない。金にならんことをやってると思って見てる。みんな、金になるんならやると言うんです。俺は金にならないからやりたいと思っているのにね。八〇年代は世の中全体が金を偏重するように流れていったけど、俺のうちではちょうどその流れに逆行するように、金というものが意味をなさなくなっていきました。でも、そうであればあるほど、精神的に、きついことはきつい。

俺自身は社会的な地位を求めようとしたことはないつもりなんです。ただ、会長とか副会長とかをやっていると、一種の誇らしさや責任感みたいなものは感じることもある。人の先頭に立つ快感のようなものさえ、ないとは言えなかった。もうひとつの自分を見るようで、それが嫌でした。

肉体的にも楽じゃなかった。運動やっていた頃はからだの調子は良くなかったですから。手、足、頭なんかの痺《しび》れがひどかった。手、足がピクピクして、耳鳴りもする。特に寝る時など、足から上半身にかけてひきつって硬直することがあって、周囲の人がビックリしよった。

今思えば、相思社の雰囲気も八〇年代に入る頃には少しずつ変わっていた。全国的に住民運動のスタイルそのものが変わっていった時期ではなかったかな。それに第一、活動家は俺ばかりじゃなくみな、歳をくって所帯持ちになってくるでしょう。また運動が裁判をいっぱい抱えるようになって、制度の中のやりとりが多くなっていった。もうひとつ、最初のうちは寄付金で何とかやっていけた相思社が、そろそろ自立しなければいかん時期がやってきていた。もうただの運動家じゃすまんわけで、キノコや甘夏ミカンの栽培、出荷といった生産事業に入っていくわけです。俺も、水俣病患者家庭果樹同志会の会員として、甘夏を四トンくらい生産して相思社に出してました。

一九八三、四年頃、俺、佐敷の町のプロパンガス会社に勤めていたことがあるんです。漁では生活できんようになってきてて、一応、鯛の養殖の仕事はしとったけど、それでは足らんのでおふくろの世話になってた。おふくろは認定患者で補償を受けてたんです。生活の苦しさも確かにあったけど、同時に自分の甘えを断ちたいという気持ちもあった。自営だとどうしても甘えが出るでしょ。もういっぺん、勤めにでも出て人に使われてみんといかんな、と。

それで、初めから二年間だけと決めて働いたんです。運動していた最中だったから、勤め先にマスコミの取材が来たこともある。店の人にはもちろん、自分が運動やっていることをちゃんと言ってあったんですが、仕事の邪魔になるから取材はやめてくれって言われた。でも、それ以外のことで苦言を呈されたことは一度もない。自分で言うのもなんだけど、俺、あそこではよくやったんです。ガス器具とかヒーターとか売るんだけど、新しいお客さん連れてくるのがうまかった。運動で忙しかったけど、月にせいぜい二、三日しか休まなかった。それだって、休めばその分、他の人が来ない日にちゃんと補ってたしね。

店には、毎日、みんなよりも早く行きよった。俺、何かをやると決めた時、最初に必ず、自分で自分に何かを約束するんだけど、この時は絶対に就業時間に遅れないと決めてたんです。遅くても十五分前に着くというのが大原則だった。一時間も二時間も早く行くことがあって、経営者もびっくりしとった。ところが他のみんなは毎日のように平気で遅れてくる。そしてその度に「車が混んじゃって」とかと、余計な言い訳をする。経営者も経営者で、ちっとも怒らない。なにしろ車の通れない山道を何十キロもの重さのガス缶を運んでいく肉体労働でしょう。やめられたら困るというんですね。もう、あんまりみんな頼りないんで、俺、「そんなのんきでよかか?」って怒ったこともあります。みんな、給料さえ貰えればそれでよかと思っている。こういうサラリーマン的な感じ方が俺にはできんとです。経営者の目の前で、その息子を怒鳴りよったもんです。俺には、一生懸命勤めたいという気持ちと、いつ辞めてもいいという気持ちが一緒にあった。自分の信念を貫いて、それで辞めろと言われるならいつ辞めてもいいと、そう思っていたんです。

そういえば、俺、たった一回だけ遅れたことがある。客が、店で買った湯沸かし器の調子が悪いと電話してきたんで、俺が「じゃあ、明日、出勤前に寄りますけん」と言って、経営者には知らせずに、翌朝そこへ寄った。それで遅刻。会社に行くと、遅れるはずのない人間が遅れてったものだから、訝《いぶか》ってる様子がわかった。でも俺は、自分から理由は言わなかった。やがて、前日に俺が電話を受けたことを知ってた女性の事務員が、経営者に言ったらしいんです。経営者は、「なしてそげんゆうてくれんかったか」と言う。しかし俺にしてみれば、何も言わないというのは、ちゃんとした理由があるということです。それくらいのことがわからんのか、と逆に俺は言いたかったくらいです。これは、一九八五年に俺が運動をやめる時に言い訳をしなかったというのにも通じるんですが、それにしても、おまえは損な性格やなあとよく人に言われます。

二年経って会社を辞めると言った時、給料上げるからぜひ残ってくれと経営者に言われた。ありがたかったけど、最初から二年と決めていたことですから。喧嘩別れというわけじゃなかったから、今でも時々会います。例の息子も今では経営者になって、あの時怒られたのが今になってみるとよく理解できる、いい勉強になりました、と言ってますよ。

折り返しに向かって

さて、一九八五年という年が、俺の人生の折り返し点《リターン》になるんです。その頃までにはもう子どもが三人いました。すでに何度か触れてきたように、運動のせいで生活はぼろぼろ。普通、二十代、三十代といえば働き盛りで一家を養っているでしょう。おふくろや女房は毎日小言ですよ。おふくろなんて、俺がトイレに行けば出てくるのを待ってて小言、飯食えばそばに来て小言。同じことばかり一日に何度も何度も繰り返して、またそれを何年も続けてました。夫婦喧嘩もしょっちゅう。俺は黙って聞いていることもあれば怒る時もあったけど、いつかはわかってくれるだろうと自分に言い聞かせて、なんとか自分をもちこたえるようにしていました。でも今振り返ると、こうした反対があったからこそ、なぜ自分は水俣病にこだわるのかという問いを抱くことができたのだと思う。おふくろたちがやれやれと後押ししてくれてたら、きっと、俺はあそこまで頑張ってこなかったし、現在のような心境にも辿り着いていなかったでしょうね。

俺のおふくろはいつも、「イヲば捕って、うちの畑でカライモ作って野菜作って、それを食って生きとれば、そいでよかったい」と言いよったもんです。俺が運動をしたからといって、親父が帰ってくるではなし、と。これははっきりとした思想的な根拠をもって言われた言葉ではないんです。ただただ、生まれた時から狭い世界の中に生きてきた人が、その生活の中から発した言葉なんです。初めておふくろからこう言われた時にはなんという世間知らずで閉鎖的な田舎人なんだろうと俺はうんざりしていたもんです。でも、あとで述べるように、一九八五年に狂う中で、俺は生きることの意味を考え直すことになるんですが、その時、あの母親の言葉がものすごく深い意味をもっていることに思い当たるんです。つまり、あの言葉は、生きているというそのこと以上に一体何があるのか、と問うているように思えた。国の政治がどうなろうと、それは自分たちからは手の届かんところにあることじゃないか、だから、東京の方なんか向かずに、ここで捕れるものを食って生きていけ。この土地の海や山としっかり向き合って生きていけ。恐らくおふくろはそう言っていたんじゃないか、と。

家族に限らず村中に、批判的な見方はずっとありました。直接俺には何も言いはしないけど、一生同じ村にいるわけだから、相手がどう感じているかなんてすぐわかりますよ。俺の行動が新聞やテレビに出るでしょ。そうすると、翌朝会った時にはそれに対する反応が顔に出てる。そんなこととしてなんになるのか、という感じですね。大方の人たちにとって、水俣病というのは認定申請をして認定されて補償をもらえば、もうそこがゴールなんです。だから、その範囲内では理解され得る。でも俺みたいに、自分のことよりは他の人たちの問題を考えているというのは理解されない。なして他の人のためにまでやるのか、わけがわからんというわけです。

でも、結局のところ、「自分のことよりは他の人たち」ということ自体が、幻想だったんじゃないかな。やっぱり「情けは人の為ならず」なんです。最初のうちは、俺も確かに「人のために」という正義感でやってるところがあったけど、これもまた一九八五年に狂い出す中で、自分でいろいろと考えて、そうじゃなかったと気づくんです。人のためじゃない。ただそのようにせざるを得ない自分自身なんだ、と。

運動に入って月日が経つうちにある疑問がもち上がってきた。自分は金のためにやってるんじゃなく、仇を討つためにやっているつもりだ。しかし、仇を討つことから、一体、何が生まれるのだろうか？　逮捕され、その後の裁判を闘ったことも自分を問うきっかけになりました。仇を討ってみても、それ以上のことは何も生まれはしないだろう。また、なぜこうまでして補償運動をやらなければならないのか、自分でもだんだんわからなくなってきた。

このまま運動を風化させてしまってはあの世に行って親父に申し訳がたたない。しかしその一方、認定されて補償金を受けとれば受けとるほど、逆に患者たちも世間も水俣病についてて語らなくなり、問題がかえって見えなくなっていくということが、だんだんわかってきた。患者からみれば、補償金をもらってしまえばひと区切りついてしまう。家の中でも外でも語らなくなる。いくら訴えてももうそれ以上の金が出てくることはないし、あんまり騒げば、今度は縁談などに悪影響が及ぶ。いよいよ水俣病が金銭的な意味しかもたなくなってきてしまったのではないか、という疑問が俺の中で大きくなっていたんです。

亀裂

あれは一九八四年の暮れ頃のことです。一九八六年の水俣病事件三十周年を控えて、運動は先行きが見えない状況にあった。そうした中で、水俣病事件は一体自分に何を語っているのだろうかと考えるようになったんです。かつてはこういう問い自体が自分にはないものでした。

運動では状況対応に追われていました。またその運動の結果、行政を幾分かは追い込んできているという一応の手応えもあったから、敢えてゼロに戻って考え直してみるということがなかったんです。しかし、行政と向き合っていると、相手の顔ぶれがコロコロと替わることもあって、所詮、何をやってもしくみの中でしかないんだということをつくづく感じます。不作為の慰謝料なんてまどろっこしいっちゅうか、またここでも慰謝料要求をせねばならんのか、といううんざりした気持ちになっていたんです。金を要求せねば相手にはわからんと仲間には言われるけれど、金のためじゃないという思いで俺はずっとやってきてたもんですから。

その頃には俺と川本輝夫さんとの関係もおかしくなってきました。俺には次第に、川本さんが制度上の水俣病のことしか言ってないんじゃないかと思えるようになってたんです。裁判、認定制度、告訴、告発と、政治的な手法を駆使するばかりで、運動が直接チッソに向かおうとしない。彼は市会議員に立候補して二回目に当選したんですが、その頃からだんだん保守的になってきたように俺は感じた。直接行動を抑制しようとするんです。けれど、俺はその逆で直接行こうとする。その違いが大きいです。ある時俺がチッソに向かおうと言うと、川本さんは、そういうことをすると孤立すると言って反対した。

それに対して俺はこう言ったもんです。「あんたも一九七一、二年には、チッソの水俣工場と本社に坐り込んだんじゃなかかな。あん時は孤立せんかったかな。同じことが今起こっても何も不思議はなかろうがな」と。しかし、川本さんは「あの頃とは状況が違うもね」と言うんです。確かに状況は違う。でも、問題の出発点がチッソであることに変わりはないじゃないか、というのが俺の主張でした。川本さんが守勢に回ってしまったという印象は俺だけのものではなかったと思います。しかしそれを誰も言わんもんだから、結局俺と川本さんの違いばかりが目立ってしまうんです。

俺はまた裁判にも行き詰まりを感じるようになってきた。いくら勝ったって、控訴される。それに、もっと大きな問題は、組織というものを相手に闘っているはずの我々自身が政治的なしくみの中でしか闘えないということです。抗議文を読んでも政治用語ばかりになってくる。思いつく限りの裁判をやったけど、そうやって運動が大きくなればなるほど、目立つ人はそのうちのごくわずかで、あとはその他大勢になっちゃう。裁判では原告番号で済んでしまうわけです。本人は署名捺印するだけ。本人が問題に直面して苦悩する場面を、弁護士や支援者や俺たちがいつの間にかとりあげている。今の状況はこうだから、次はこうしましょう、というふうにしてどこかで誘導している。しかもそれは利益誘導じゃないか。どうやら政治的しくみの中に、我々もとり込まれてしまっている。そのことに気づき始めた。そして、そこを脱しないかぎりダメになると思うたとです。

あの頃俺が考えていたのは、要するに認定制度のあり方を争点とした闘いでは先が開けないから、矛先を直接チッソに向けようということ。つまり、闘いを一九七三年以前の状態に戻そうということです。県知事を相手にした裁判が進行中だったから、もちろん、それをやめるわけにはいかないんだけど、チッソを七、裁判を三ぐらいの割合でやっていく方がいいんじゃないかと思い始めていた。でも川本さんは、システムを利用した突破口を考えていた。国に公害等調整委員会というのがあるんです。公害に関わる紛争の当事者の調停機関で、申し立てにより原因裁定という裁定を下す。この原因裁定を求めてはどうかというのが川本さんの考えです。しかし、それには紛争状態を作らないかんのです。紛争状態であるということが前提条件になるわけですから。

俺は、原因裁定を求めるのなら、手続きとしてわざと紛争を作るようなことはしないで、確固としてチッソと闘うという姿勢でやるべきだと考えていました。第一、原因裁定のためだけに形だけの行動をしたってどうせ見透かされるだけ。またもシステムの中でしかやれんのか、ということが俺には歯がゆかったんです。

結局我々は一九八五年に原因裁定の申し立てをしようと試みた。そしてそのために七月、チッソに要求書を出して、わざわざ紛争状態へもち込もうとした。水俣病患者として認めろ、そして補償をしろという要求です。各村からひとりずつ、俺を含めて七人の代表が要求書を出した。しかし結局、交渉決裂というだけでは紛争状態にはならず、申し立てをしても受理される可能性は少ないと判断せざるをえなかった。

紛争状態をつくろうということになって、俺が無期限で坐り込みをしようと言った時のことです。川本さんは原因裁定の申し立てを受理してもらうまでの期間だけでいいと言う。俺は、そういう目的達成のための単なる手段として坐り込みをしたって無意味だと思ってた。申し立てを受理されようがされまいが、これ以外に我々が出発点に帰る道はない。法律とか制度とか裁判とか、そういうことじゃもうダメなんだ、と。

一方、川本さんは、何回か交渉が決裂すれば原因裁定にもち込めるとふんでいたみたい。結局、チッソとは二回ぐらい交渉したかな。彼らはいつだって、「県知事の認定を受けて

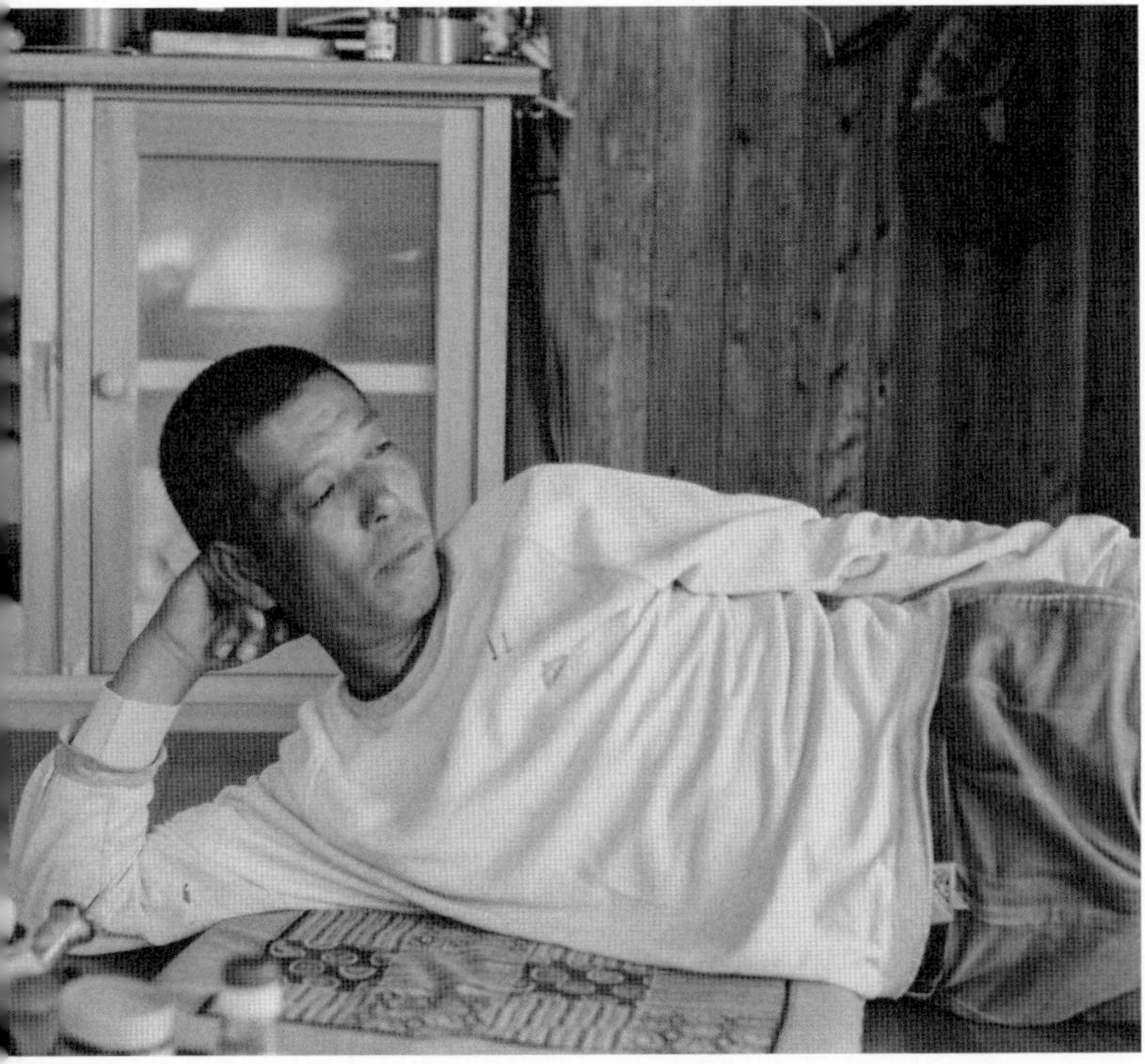

いただいた方に対して補償の責任を完遂させていただきたいと思います」で終わるんですよ。平行線を辿るだけ。その三年後にも、川本さんたちがまた同じように原因裁定を求めたけど、失敗してます。結局国会議員が仲介に入って、話し合いを今後も続けていくということで終わっている。その実、話し合いがあったのは初めのうちだけで、その後は一年に一回も開かれんけどね。

しかし、今考えてみると、俺が考えていた通りに原因裁定とは無関係に坐り込みを続けてチッソに訴えかけていたとしても、壁を破ることができたかどうかはわからんです。それで局面を切り開けたかといえば、難しかっただろうと言わざるを得ない。ただ、それしか道がないと考えたことは間違いではなかったと思うんです。法律や制度や裁判といった俺たちの手の届かんところに行くんじゃなくて、ちゃんと敵を見定めた上で進もうと考えたことは間違っていなかった、と確信しています。

この原因裁定の一件で、川本さんとははっきり意見が分かれちゃった。そういえば、チッソへの要求金額のことでも意見が噛み合わなかった。要求書を出す時、いくら要求するかという話になったんです。俺は、金は要らんと言ってた。でも、川本さんは「銭ば要求せんと紛争状態にはならんし、他の者がついてこん」て。それで俺は、「もし、どうしてんと言うんなら、一円か、日本の国家予算と同額かしかなか」と言った。すると、彼は「そげんこつ言うたっちゃ……」。ゼロか一円か国家予算の三つのうちのどれか。つまり、俺は、金のためにやるつもりはない、そう言いたかったんです。

その頃は川本さんの影響力が大きかったし、俺の言っていることも確かにいくぶん冒険的だったから、周りからの支持はあまり得られなかった。このままではふたりの意見の違いが表沙汰になるのは時間の問題。そうなったら、二者択一をみんなに迫ることになってしまう。俺は、運動というものがそうやって失敗していった例をこれまでにいろいろ見てきたから、それだけは避けたいと思った。かといって、俺も妥協できる性格じゃないから、場をおさめるために川本さんに従うとも言えない。誰にも相談できなくて、「二の轍《てつ》を踏みたくないなら、恨みごとを言うな」と自分に言い聞かせてた。そんなふうに悶々《もんもん》としているうちにも、八月、九月と亀裂が決定的になっていく。そこへ申請協の会長としての俺の任期が切れる時がきた。それを待って、運動から抜けたんです。

申請協をやめたあと、三日ほど佐敷川の河原に通ってました。葦原の中を歩いたり、裸足になって水に入ってみたり、中洲に何時間も坐りこんでみたり。考え、苦しみ、泣いているわけです。俺にはもう何もない。一体この自分とはなんなのか。そんなふうに自問がだんだん強くなっていく。

一方、運動をともにやってきた人たち、世話になってきた人たちとの関係をきちっと清算することも自分に問われていた。特に、冷えきっていた川本さんとの関係には心を痛めました。挨拶をしておきたかった。いろいろとお世話になりました、と。そして俺に他意がないということを伝えたかった。それにしても敷居が高い。行きにくい場所なんです。しかし今これをやっておかないと、後悔することになるだろう。そんなふうに河原でいろいろ悩んだ末、俺は相思社にいた友人の柳田耕一（一九三頁＊2）君に、いわば仲立ちとして川本さんのところへ一緒に行ってくれるよう頼んだわけです。

俺が運動しとった頃にはいろんな人が家に来たけど、一番柳田が多かったんじゃないかな。彼はチッソ型社会ではない社会を目指すとして、十代から三十代の人たちの集まる「水俣生活学校」というのをやっていた。そしてそれをヒントにして「水俣大学」の構想を練っていた。俺が運動やめる時、柳田は俺にこげん言うたですよ。「気持ちとしてはよくわかる。だけどどっちをとるかと迫られた時、ようあんたを選べんかった」と。それでよか、と俺は彼に言いました。彼がそこまで正直に言ってくれたことが俺には何よりうれしかった、自分はこう思うということを俺に向かって個人的に言ってくれる人は、他にひとりもなかったから。

柳田なら仲立ちとしての役を引き受けてくれるんでは、と思いました。「しかし、あんたのそういう気持ちが伝わるだろうか」と彼は心配した。それに対して俺は確かこげん言いました。

「伝わるか伝わらぬか、わからん。しかしやってみなければならん。大工や左官だって、弟子が師匠離れする時にはそれなりの挨拶がいるじゃろ」

俺の場合、師匠離れというのは、確かにその通りだったと思う。川本さんからは多くを学び、いろいろ手ほどきを受けましたから。溝は埋めることができないだろう。そしてこれからは自分の道を歩むわけだけど、その前にちゃんとした対面をしておかなければ。それが仁義というもんだろう、と。

川本さんのうちにいたのはほんの短い時間でした。彼は新聞記事の整理か何かをしていて、視線を合わせようともしない。俺はひとこと、こげん言うたとです。

「川本さん、あの世にゃ神も仏もおらんばい。生きてこの世におっとじゃなかろうか」

川本さんはキョトンとして、なんのこちゃわからん、という顔をしてた。しかし俺にはもうそれ以上言うことはありませんでした。

あの時あの言葉で俺が言おうとしたのは、俺とあんたをつなぐものは、この世にあるはずだ。だから俺はあきらめない。生きて再び出会いたい、ということだったんですね。しかし思えば、川本さんが俺の気持ちをわからなかったのも、全く無理はないんです。俺の方がブッ飛んでいたんだから。理屈じゃどげんもでけんところに、自分が来てしもうたんですから。

神も仏も「この世におっとじゃなかろうか」と彼に言っておきながら、実は「この世」と「あの世」のはざまで、俺自身が揺れ動いていく。この世に救いはないのか――死んであの世でしか救われんのか。いや、救いは生きてこの世にあるはずじゃ……。死への誘いと自問自答の中で、俺は揺れていくんです。

川本さんに対して感情的なしこりをもつことはなかった。もし、あの時点でそういうことがあれば、俺は狂ったりしなかったでしょう。川本さんに限らず、他人を責めたり、恨んだりということができていれば、それが逆に支えとなって、問題の圧力が自分に向かってこんかったでしょうから。内に、つまり、自分が探しているのはなんなのかという一点に集中していったんですね、俺の場合。何もない、何も見えない、支える何ものもない。だから狂うんです。

川本さんの家に行ったあと、東京、名古屋、大阪、京都と、これまで世話になった運動関係者や支援者たちに挨拶して回りました。これまでの関係を清算してゆく、つまり、それはひとりになってゆく過程でした。京都まではなんとか行ったんです。でももう狂い始めてたんでしょう、そのあと、家に辿り着くまでが大変だった。

運動を抜けることを決めたのと、認定申請のとり下げを決めたのは同時で、九月のことです。金じゃないんだ、と俺は言い、金でないなら一体なんなのかと、人から問われ、また俺自身でも自分に問うてきた。しかし、自分の中に答えを見出すことはできない。でも、とにかく金ではない、ということでとり下げを決意したんです。その段階で先の見通しなんて全くなかった。

　申請をとり下げることを決めてから、実際にとり下げに行く十二月までの間、俺は狂ってた。まだ迷っていた時は、苦しんではいたけれど、狂ってはいなかった。決意を固めてからの方がずっときつかです。普通、今抱えているものを手放す時というのは、その先の目標が見えているもんでしょう。でもあの時の俺はそうじゃなかったから。

　何が一番苦しいといって、それはやはり孤独。金ではないんだと言っている自分が人から理解されない。あれほど親密だった川本さんにも、その他の仲間たちにも、おふくろや女房にさえも理解されない。生まれて初めて、本当の孤立というものを味わったわけです。ある時点までは、引き返そうと思えばそれができた。俺が悪かったとひとこと言えばいいわけですよ。引き返せば楽になるよという誘いが絶えず自分の中にある。でも、そういう気持ちをふるいにかけて、まだ残るところが何かあったから先に進んだんでしょう。もし、あの時引き返していたら、気の抜けた焼酎みたいになってただろうな。

　あの三か月間は長かった。三十年ぐらいに感じました。そのぐらい長いんです。本当に遠い。途中で何度も、もうやめにしてしまおうと思った。でもその度にまた、次の働きかけが起きてくる。本当に不思議なことがいっぱいでした。

正体見たり

いつから狂ったというのはしかし、はっきり言えんのです。狂い始めの頃に、映画監督の土本典昭（一九三頁＊3）さんと電話で話したことがある。俺、水俣病事件に関わった人たちの名をあげてこげん言うたんです。川本さんの名は川がもとだと言い、土本さんの名は土がもとだと言い、柳田耕一は田を耕せと言っている。そして、石牟礼道子（一九三頁＊4）さんの名は人の道を来いよと言っている。つまり、人の名前には人間世界の希望とか願いとかが託されていて、そのそれぞれがどこかでつながっているんじゃないか。非常に単純な考え方なんだけど、それでもいいんじゃないか。思想とか主義とかっていう難しいことをもち出さなくてもいいんじゃないか。俺はそんなふうに言ったんです。土本さんも、そうだそうだって言ってくれた。まあ、俺の場合は「正しい人」だなんて、いくらなんでもひどすぎるけど。こまんか時から、名前負けするなとよく言われてね。だから、おふくろに小言言われる時にはいつもこう言い返してた。

「あんたが正人なんて名前つけるからたい。悪人ってつけときゃよかもんを」

夜になっても頭が冴えて眠れなくなって、これはどうもおかしいなと自覚し始めた。一日中ずっとハイな状態なんです。あまりに冴えすぎて苦しい。からだのリズムがおかしくなっていて、疲れて完全にぐったりしても頭は冴えている。そして、眠いという感覚もないままに、突然カクンと眠りに落ちる。たくさん寝たなあと思って目を覚ましてみると、実際には五分と経っていない。眠らなきゃいけないと思って焼酎を一升飲んでも眠れない。そんな状態だから、仕事もできません。

あとはもう延々ともがき苦しむしかなかった。飯だって、涙をぽろぽろ流しながら食う。こん中にどれだけ生きものがおるか、それを俺はどれだけ食ってきたのか。言葉でこげん出てくればまだよかったばってんが、言葉にならずにただ感じるわけです。そのうち食えなくなってくるんです。魚なんて大好物なのに食えない。それでしばらくは梅干しとお茶漬け。あの頃は自分で飯を食っているという感覚がなかった。

海辺や河原に行ったり、山ん中や畑を歩いたりするんです。家の後ろの崖の上にある親父の墓にもよく行きよった。その時には狂ってるなんて自覚はなくて、ただ必死に考え、何かを探し求めている。なぜ人は金で落ちるのか、金でなければなんなのか、といった問題。また、制度や天皇制のこと。そんなことを必死に考えていた。金じゃないんだ。じゃあなんなんだ、といつもブツブツと唱えている。周りから見れば何かにとり憑かれている、気がふれた、としか見えんでしょう。家族は俺を病院に入れようとしてた。おふくろは「水俣病のこつばっかり考えすぎっでたい」と言ってた。

俺にとって大事だったのは、「把握」なんですね。自分と自分をとり巻く世界との関係性の把握。そこにこだわっていたから、あの時みんなが心配してくれてたことはよく憶えてます。女房や姉がなんと言って、俺がそれにどう答えたか、その内容をはっきり憶えている。俺は、自分と周りとをつなぐ梯子を一度自分自身で外してしまったものの、この先自分をどう把握し直したらいいのか、と思いあぐねていたんです。俺と一緒に家族も苦しんでいたんです。夜、俺が苦しんでいると、その部屋に近づくだけで女房も子どもも苦しくなった。俺は家族まで苦しめている、そう思うと自責の念にかられました。これは辛かったです。

死への誘いも一日中無数にあった。それは言ってみれば、落とし穴のような感じ。俺が「真理とはなんなんだ」というふうにひたすら追い求めているでしょ。すると、その途中で俺を落とそうとするものが襲ってくるんです。実際に首括るロープを用意するといったところまではいかなかったけど、それに近いぎりぎりのところにはいた。海を見ていてもそのまま海の上をずっと歩いていけそうな気がしてね。死ぬことが美しく見えるんです。

十月のまだ寒くならん時のことです。夜の十一時半くらいだったかな。突然どうしてもテレビというものに耐えられなくなった。で、テレビを抱えて、止めようとする女房をふりきって、「始末せねばすまん」と言いながら、玄関から外へ出た。そして庭へ放り出したんです。「こん畜生が、人んちに勝手にあがりこんで、ここへ行けの、これば買えの、ああでもないこうでもないと、ウソ八百並べやがって、てめえの正体見たり」と怒鳴りながら、庭の石を摑んでテレビの上にたたきつけてやった。ブシュッという音がした。ざまあ見ろと言いながら、俺はこれでやっと家族を自分の方に引き寄せたと思ったもんです。

とにかく機械じかけのものに囲まれていることが耐えられなくなっていたんです。車もある時カーブでもなんでもないところで、岩山にぶつけてます。わざとやったとしか思えない。女房が修理に出して戻ってきた車を、一週間もせんうちに俺はまたぶつけて壊してる。人はもったいないと言うけど、俺としてみたら必死なんです。ふと気がつくといつの間にか、こういうものが押し寄せてきてて、俺たちをとり囲んでいる。家族までおっとられとった。モノとヒトとの区別はつけておかねばならん。もしうち壊しきらんかったら、こっちの方がもたなかったでしょう。世間から見たら、いよいよ正人は狂った。俺にしてみたら、なんとか正気を取り戻そうとしているのにね。

その頃処分したものの中に、以前尊敬していた毛沢東の肖像画があった。額縁に入れて飾ってあったものなんです。それを燃やしながら、俺はこげん言うたもんです。

「あんたが悪い人だとは言わん。しかしあんたは俺にとってはもう過去の人たい。俺は自分で自分の道を見つける」

これも一種のけじめだったんですね。社会主義がどうのこうのということではなかった。ただ、システム社会の全体に対しての絶望感が俺のうちで極まっていた。

孫悟空

ある時ふと自分が試されているんだと気づいたんです。それは、山に例えれば、六合目くらいまで来てから。それまではただ一生懸命登るばかりで、何が起こっているかもわからんわけですよ。で、その六合目まで来た時、ふと見えてきたとです、それまでのことが何もかも全部つながっているんじゃないかって。それで妙に納得がいったんです。自分の意志でやっているというよりも、ある道すじの上を歩まされているんだという気持ちになった。自分では気づかなかったけれど、これまでの人生もずっとそうだったんだし、特に、今の自分はそうなんだ、自分は病気なわけじゃないんだ、と。ここに辿り着くまではずいぶん苦しんできたんだけど、ここでスーッとつながったんです。今までの人生、何ひとつ無駄なことはなかった。そういう確信がもてた。

あまりにも見事に過去の物事の展開がつながっているのが見える。だけど、先のことはわからんです。抜け道が見えない。もう抜けただろうと途中で何遍も思うけど、抜けてない。まだ問いが襲ってくるんです。

それらの問いを解くためのヒントがものすごい勢いで俺の中へ入ってくる。それは例えば、草木や鳥、海、魚、あるいは人々の姿や会話といったもの。それはみな運動に関わっていた頃には見向きもしなかったものです。しかし、それがヒントの、そのまたヒントとなって、俺にさまざまなことを連想させ、気づかせていく。それはまるでしりとり歌みたいな感じで、色から連想されて結びつくこともあれば、形や音から連想されることもある。瞬間ごとにいわば小さな破片が飛び込んできて、それらがパズルのようにはまっていく。

無性に山に行きたくなる。行って、草木に話しかける。そうすると、向こうから返事が返ってくる。もちろん声でではないんだけれど、例えば、風でそよぐ姿なんかからも、生きるというのはどういうことかについて、何事かを教えられる。気持ちと気持ちが交わる。そんな感じです。

また、この焼酎のビンだってヒントになり得る。このビンがここに至るまでには長いドラマがあるわけでしょう。俺は金を否定してきたわけだけど、その金もやはり、人間社会の中で現在の位置を占めるまでに長い長い歴史がある。最初は石製だったかもしれん。やがて銅や鉄に代わっていく。そうやって今の社会の一部となっていった。こんなふうにすべての物事は必然の中にある。そしてその中に俺自身もおる。それが世界なんだ、と。発見と驚きの連続なんです。すべてにつながっている自分にも驚く。ドラマの台本のようでもある。はあ、そういうことだったのか。これが延々と続く。

つながりということで一番教えられたのは、やはり、死者と自分がつながっているということです。現世においてはみんな死者とは切り離されていると思ってる。でも、本当はそうではなくて魂はつながっている。俺の周りにはいつも彼らがおったですからね。もちろん、ものの存在としておったということではないけれど、心は確かに通い合っていた。

これを説明するのはちょっと難しいんだけど、俺と同じような体験をした人って、きっと世の中にいっぱいおると思うなあ。

しかし、こうやって考えている間というのは、ものすごく怖いんです。ヒントが解ける時はビビッと頭の中に入ってくる。でも、もしヒントが解けなくなったら途絶えてしまうでしょ。それを考えるともう怖い、怖い。グダッとなってしまう。集中力の限界です。だからかな、死への誘いがいっぱいあったのは。苦しいとかって言葉で言えるうちはまだいい。本当に自分をコントロールできなくなったら、言葉も出てきませんよ。次の瞬間どうなってしまうのかすらわからないんだから。

俺にとってはたいへんな消耗です。ひとつの法則性の中につかまっているという感じ。小便、大便から食うこと、寝ることまで、完全に拘束されていて自分の意志ではない。疲れから解放されるのは、数分間寝かされて目が覚めた時の、束の間のこと。すぐまた次の読み解きが、すごい勢いで始まるんです。あの重圧に今再び耐えられるかといえば、その自信はない。

ちょうど孫悟空みたいに頭にガッチリと輪っかをはめられているような感じなんです。

その輪は、前の額のところが少しあいたようになっていて、逆らうとずんずんと横から締めつけていくんです。つかまったというか、完全に掌握されてしまったというか。いや今思えば、俺は本当に孫悟空やったですよ、きっと。女島の自然法に逆らっていろいろやったもんだから、しまいにはつかまって輪っかはめられて。今でも気持ちが高まった時には、輪っかのあった場所がビリビリと感じますもん。孫悟空の輪っかっていう話は、実際にそういう体験をした人の発想に違いないと俺は思っています。

よく「ひと皮むける」って言うでしょ。あれ本当にあっとです。全身の皮膚がブワーッと入れ替わってしまうような感じ。また全身の筋肉が波立つ時もありました。あれはすごかもんですよ。ブラララーッと。痙攣なんてなまやさしいものじゃない。瞳が橙色《だいだいいろ》になっとです。自分の最期が来た、と思いました。女房も俺の目が仁王様みたいに赤くなっているのを見て、やはり、そのままはってく（逝く）と思った。女房の話では、俺は彼女の手をとって、そこに「人」の字を書いた。そのことをかすかに自覚していた。「人間らしく生きれちゅうことかな」と女房が訊くのに、俺は頷いた。

そのことがあってから間もなくのことです、俺が「鬼が島」を見たのは。それは夢でもなければ、幻想というのでもない。確かに見てるんです。ただ他の人には見えんというだけで。チッソに乗り込む気で行くんです。で、まず井戸みたいな縦穴をロープをつたって降りていく。やがて横穴に出る。奥へ進むとそこに大きな鬼が四、五匹おって、何かを盛んにむしゃぶり食っている。見るとそれは人間で、鬼はその手足を引きちぎっては、口から血をスタスタと滴らせながら食っている。奴らの前には屍の山。

俺は恐怖に青ざめ、立ちすくんでウワーと叫びにもならない叫びをあげました。すると見られた鬼たちは俺をつかまえようと追ってくる。縦穴のところまで逃げた時にはもう鬼たちは直後に迫っていた。最後の瞬間、言葉を失っていたはずの俺が声をあげるんです。「おら、人間ぞ!」と。その時、自分の方からバーッと光が出とっとですよ。それで奴らは目をやられる。縦穴の上には親父や亡くなった村の人たちがおって、俺を引き上げてくれる。そして穴からやっとのことで出てきた俺に、「危なかった」とか「あげんとこにゃ、行くなち言うたろが」とか言う。中には「これはどこん息子か」などと訊く人もおって、「福松どんとこの息子たい」と教えられていました。

もうひとつ、これも同じ頃のこと。どのようにしてだったか、チッソがまた毒ば流しよる、というイメージをもったんです。で、ある朝まだ暗いうちから家を飛び出していった。車をどう運転したものか、とにかく、赤崎に住んでいた支援者の谷洋一君(一九三頁*5)のところに飛び込んだ。急を告げた俺は、これからチッソに押しかけていくぞと言って、そこいらの石を懸命に集めては車に載せていた。谷にとっては俺が狂っていることは一目瞭然。俺を抱きしめてなんとか宥《なだ》めようとするけど、どうにもならん。

結局、彼は「よし、わかった、一緒に行こう」と言い、我々は彼の運転で家をあとにした。まっすぐチッソに行くものとばかり思っていたら、それを通りこして相思社へ向かう。谷は「みんなも連れていこう」と言うんです。相思社では柳田はじめみんなおったまげて起きてきた。その頃です、やっと夜が明け始めたのは。あとから聞いた話ですが、俺を宥めている間に、信頼できる医者のところに電話をいれて相談しとったそうです。

俺もしまいには彼らにすべてを委ねたわけです。今度は柳田の運転で人吉にある緒方医院に向かいました。道中、俺は夜明けの風景を目を見開いて見ていた。これがこの世の見納めだと思っているわけです。柳田が気をつかっていろいろ言ってくれる。彼の懸命さがうれしくもあり、またそれだからこそ、未練がましいところは見せたくない。天月トンネルに入った頃にはもう俺は静かになってました。すぐその先の球磨川《くまがわ》が三途の川のように思えたんです。だから、静かに引き取られていこう、と。

球磨川を越えてしばらくすると、今度は急に空腹を感じた。これがまだ生きようとしていることの証拠なんですね。まだ開店前のドライブインに柳田が頼み込んで食わせてもらった。味噌汁と飯しかなかばってん、これがまたうまかったってですたい。緒方医院に担ぎ込まれて、何日そこにいたのか、よくわかりません。ただ無性に帰りたかったのは憶えている。「おまえたちは俺を閉じ込めたいのか」と柳田や女房を問いつめたりもしました。あとから考えると、あんなふうにして多くの人々が精神病院に閉じ込められてきたわけです。でも俺に言わせりゃ、こんな世の中に狂わんでおれる方がよっぽど怖ろしか。

そのうち、なんとか峠を越えられたということが自分でもわかりました。頂上に立った時は素晴らしい解放感でした。頭の輪っかが外れたかと思った。しかしこれが続いたのがせいぜい四、五日。これでトンネルを抜けたのかと思ったけど、やっぱり、往きがあれば、帰りもある。上りがあれば、下りの道もちゃんと用意されていて、それがまたなだらかで長い。簡単には抜けさせてくれない。上りに比べると下り坂の方が幾分楽ですが、しかし、まだしんどいことはしんどい。やはり読み解きはすごい勢いで続いていく。いや、あっさりとは教えてくれんもんですね。

それでも、だんだんに飯もちゃんと食えるようになって、人ともまともに話せるように

なってきた。十一月の半ばすぎでしょう、漁に行きたくて、沖に出たくて仕方なくなってきたのは。それはもう、仕事なんていうもんじゃない。イヲやガネ（カニ）と話しにいく、会いにいく。そげん感じです。

俺の苦しみを家族も身をもって感じていたわけですが、そのかわり抜ける時もみんな一緒だった。抜ける時はあっさりしたもんですよ。前もっていつ抜けられるのか全くわからないのがきついんだけど。それは十二月のある日、日中のことです。俺、奥の寝室で寝とったんです。というより、例によってごく短い間だけ寝せられていた。そして目が覚めたんですが、その瞬間に、忘れもせん、妙な五七五みたいな文句が入ってきよったですたい。

「うたた寝の、開眼すれば、現実なり」

同時に俺はポーンと押し出された。まるでところ天が押し出されるように。一丁あがり、という感じ。そしてからだが軽うなって。普通だったら、すぐまた一分もせんうちに次が始まるのに、三分経っても五分経っても始まらない。

そりゃあ、うれしくてうれしくて、ああ、やっと解き放たれた、と。と同時に、ほとんど永遠とも感じられたあの狂いの時間の中で見せられたものの総量を思って、俺は呆然とするしかなかった。どういうんでしょう。人類史上すべての芸術的名作を、たったひとりで見てきたというか。どこから、何から人に話せばいいか。しかし一方では、こげんことまともにうっちゃって（とりあって）くれんじゃろうな、という気もする。怖れもあるとです。また始まるんじゃなかか。いったん見そめられ、つかまったからには、そう簡単には放してくれまい。第一、なんでこの俺が睨《にら》まれたのか、という疑問も残っている。それは複雑な気持ちです。

ひとつ断っておきたいことがあります。あの経験は悟りではないですか、と言われることがあるんですが、俺はそう思わないし、思いたくもない。その後も上り下り、浮き沈みは続くんです。一度何かを見ると、その状態がずっと持続すると思ってほしくない。還ってきた自分のこれからは、手探り。悟りだなんて、面白くなかってです。固定されたくないんです。俺は今でも上り下り、不安定なものです。ただ、あの時のことに今も魅了されているのは事実ですが。魂のワープとでもいうんでしょうか。やはり、あれは狂いだったんだと俺は言いたい。狂うという漢字はけものへんでしょ。一種の動物です。この広い意味では、俺はやはり今も狂っている。しかもあの字の右側は王様の王ですもんね。

金じゃなければなんなのか、その答えはなかなか出てこなかった。でも、あとになってつくづく思ったのは、金じゃないんだ、というところにぶちあたっていくかどうかが重要なんだってこと。相撲でも、若い者が横綱の胸を借りにいくでしょう。当然、勝てるわけはない。それでも向かっていく。そうするうちに、見どころがある奴かどうかが見極められるんだけど、それは相手がそげん思うだけのことで、本人にはわからない。本人はいつになったら勝てるんだろうともがくだけ。俺も同じこっです。破れようが、破れまいが、壁に向かって自分の全部をかけてあたるだけ。それが「試し」というもんでしょうね。

俺が狂っていた三か月の間、家族には迷惑のかけっぱなしだったわけだけど、感謝されるようなこともないわけではなかった。あれはまだ狂い始めの頃、例によって親父の墓のある裏山におる時のことです。ふと地下から水の音が聞こえてくる。サラサラと、俺に語りかけてくるんです。それは言葉ではない。ただ気持ちが通じている。その頃ちょうど近所にボーリングをしに来ていた人に、俺は井戸を掘ってみてくれと頼んだんです。そりゃ、家族も親戚も心配した。このあたりじゃ、これまで何十人という人が試して失敗しているんだから。塩分が強いんです。しかし俺だけは自信満々で、「心配することはなか、必ずよか水が出る」、と言い張った。結局五十メートル掘って岩盤を突き抜けると、果たしてそこには塩分のない豊かな水脈がありました。名水ですよ。この水のことでは感謝されてます。特に日照りで水不足の時にはね。

認定申請をとり下げたのは、十二月の二十七日。運動やめてから、とり下げるまでに少し間があくのには理由があるんです。運動のおもだった人たちに申請をとり下げることを前もって二度ほど話したんです。そしたら、待たせ賃要求の裁判、つまり、国が不作為に認定を遅らせたことに対する裁判の判決が十一月に出るからそれまで待ってくれと言われた。確かに原告団長である俺が申請をとり下げたんじゃ話にならんですからね。俺としても、自分のことで周りの人に迷惑をかけるようなまねはしたくなかったから、判決が出るのを待ってとり下げることにした。裁判は勝ちました。月四万円要求してたのが二万円になり、その後高裁ではさらに減額になったけどね。

申請をとり下げることは女房に話していました。どこまで理解していてくれたかわかりません。ただ俺が人の説得を受け入れるような男ではないということはわかっているから、何も言わなかった。あれほど聞かされたおふくろの小言も、運動やめてからはほとんど言われなくなった。その後もなんだかんだと出歩いていたんだけどね。申請とり下げた時なんて、逆に「もったいなか」と言うんですよ。申請しとけばいくらかもらえるようになっとったのにって。これはみんな言う。さんざん運動するなと言っておいて、とり下げたらもったいないなかと言うんだから。もっとも、運動をせずに申請だけしておけという論理だったんでしょうけど。今やってる裁判も和解が成立すればきっとみんなに言われますよ、「認定申請しとけば、二百万だか三百万だかもらえるようになっとったとに」って。

県庁にとり下げにいったんですが、それはただの通告、という感じでした。前もって電話で、「個人的に重要な話があるから、ぜひ時間をつくってほしい」と連絡しておいたんです。当日、向こうは三、四人おって、俺は自分で考えて書いたとり下げ書を手渡した。おまえたちには愛想が尽きて、もうおのれ自身で認定するしかないと悟った、という内容です。それを渡してから、一、二時間彼らと話をしました。相手も俺も楽になっていたから、いろいろ話が出てくるんです。それで俺、「あんたたち、俺が水俣病患者だと思うか」と訊いてみた。本心を言ってくれ、と。そうしたら、「思います」と言っとったですよ。もう、みんなで笑っちゃいました。

あの時は痛快だったなあ。おまえたちを超えたぞ、という気持ちだった。向こうにしてみれば、俺がとり下げたことは都合のいいことにもみえたはずなんですが、「勝った」という感じではなかった。むしろ彼らの顔には、今まで見せたことのない限界の表情が現れていた。それも、役人としてではなく、個人としての限界の表情。いつも役人としての答弁というものは準備されているでしょ、「検討します」とか、「善処します」とか。そういう時の役人の顔でこれまでずっと押し通してきたんだけど、今日の俺にはそれが通じない。それで困りきっているといった感じ。俺が、水俣病患者という集団の一員ではなくて「緒方正人」という個に戻ってしまっていたものだから、相手は役人面をすることもできなくて、自分の個としての顔ってどんなだったかな、と探しているような感じでした。その後十年経って、時々あの役人たちと出会うことがあるんですが、お互いどこか認めあっているところがあるんですよね。妙なものだけど。

年が明けて、これはいよいよ狂いから抜けたということが信じられるようになりました。でも、実際にはその後もじわじわと時間をかけて回復していったんですが。

年の始めにチッソに向けて「問いかけの書」を出しました。正月は会社が閉まっているからその間に書いておいて、休み明けに持っていった。もちろん俺は、これを渡したからといって問題が解決するなんて思ってなかったし、自分の期待する答えが返ってくるとも思っていなかった。むしろ、自分なりの決着の仕方として、こういう方法を選んだまでです。書くのは苦手です。その俺にとって書くという行為は、それがなんであっても、遺書を書いているに等しいんです。俺はいつも今を生きればいいと思っているから、先のことを予定として考えない。だから、ものを書く時はその時思うことを遺書のような気持ちで書くんです。その意味で「問いかけの書」も遺書みたいなものです。

チッソからは、一応、返事らしきものが返ってきた。でも、俺にとってはそれじゃ返事になっていなかったんで、その旨また手紙を書いた。そして、さらにこちらの思いを表わすために、木の舟ば造って、それでチッソへ行き、そこに身を晒そうと考えたんです。でも、行動にうつすまでにまだまだ俺には時間が必要だったし、第一、今どき木の舟を造っているところなんてなかなかなくてねえ。やっと注文できたのが一年後、舟ができるまでに半年、行動にうつすのにさらに半年かかった。

なんでこんなことを思いついたかって？　チッソの工場の方に川があって向こうから水が流れてきているでしょう。だから、海からさかのぼることによってそれを押し返したいと思ったんです。いのちの源はこっちなんだ、とね。それが一番の理由。また、俺はいつでもチッソの前にいるんだ、ということを自分で確認しておきたい気持ちもあった。

「水俣病」問いかけの書（抜粋）

チッソ株式会社社長　野木貞雄殿

この事件は、人が人を人と思わなくなった時から始まった。そのときすでに、この大自然を一方的支配と欲望のみで侵す思想は、やはり侵略者であった。私はこれを水俣病事件と呼んでいる。

私が、この不知火の海にたたずむ小さな漁村に生まれて間もなくのこと、海はそれまでの清さを失ってしまった。魚はキリキリと舞い、水に泳ぐ姿が消えついに死に浮く。ネコは自慢なはずの毛並が逆立ちし、口元から流れ出るヨダレは止らない。空を飛ぶはずの鳥は浜辺に死がいをさらし、打ち寄せる波にゆれてあたり一面に悪臭を放っていた。

そして、この自然界に何ら逆らわず、自然のおきてに従って暮して来たこの地の人は、のたうち回り、あのケイレンとうめき声の姿は自然な人間の最後の叫びであった。……

私は、この「事実としての水俣病」を熊本県知事や環境庁長官らに訴え続けた。自ら認定申請という行為を通じて何百回となく足を運び、共に苦しむ人々の救済を……と問い質した。しかし十二年もの長き間、待てども待てどもとうとう返事はなかった。

この状態が違法であることを政治に問えば、県議会からは「ニセ患者が、金がほしいのか」と逆にあびせられた。彼らの行政に迎合するその姿勢は、何とも見悪いものである。また、病いに苦しむ人々が頼みとすがる医者（医学）は、この間体制の先兵と化し、認定制度なる衣の下で棄民化へと襲いかかる。

さらに、警察、検察権力もまた、この三十年来水俣病事件のもみ消しをくり返して来た。それでも飽き足らず、この加害を追及しようとする人々を犯罪者にデッチ上げ、事件史の加害構造を二重三重と作ることに血道をあげた。

病苦にあえぐ被害民は、思いあまって裁判所にその救いを求め訴え出る。しかし、当局の違法が判決によって確認されても、すぐさま控訴、上告となってしまう。

さて、その裁判所もまた近時相次いで出されている判決に顕著なように、加害責任をあいまいにしその場しのぎの作文をまことしやかに示しているに過ぎない。人の命に勝手な値段を付け、羅列し、単なる苦情の処理をしている。……

私は、これらの公けの機関が今日このような状況にあって、もはや「我が水俣病」の認定、さらに申請そのものに何ら意味を持たなくなった。今や私は「我が水俣病」を己れ自身で確認し、認定する以外にないと考えるに至った。私は、昨年十二月二十七日、およそ十二年間にわたる認定申請を取下げたのである。……

私はもう、国にも県にもそして政治や裁判所にも己れの期待をかけることに虚しささえ覚える。私はこれ以上もてあそばれたくない。彼らに「愛想がつきた」。……しからば、水俣病事件の原点に立ち返って「我ら人間なりと叫び」、そしてチッソの中にいる全ての人々に向って「彼ら人間であれ」と呼びかける。人間と自然の存在すら否定し続けて来たこの水俣病事件、現認して来た歴史の証人として、私はどうしても次の二つの問いかけをしたい。これにどうか答えてほしい。

一、父を殺し、母と我ら家族に毒水を食わせ、殺そうとした事実を認めてほしい。

一、水俣病事件はチッソと国・県の共謀による犯罪であり、その三十年史であった事実を白状してほしい。

右の二つの問いかけについて、あなた方が心から認め、文書による回答をするならばそのときはじめて、私はあなた方を人として認め、その罪を許すことが出来る。

人は自然を侵さず
　人は人を侵さず
人は自然の中に
　はぐくまるるものなり

人は人と人との間に生きる人間でなければならない。

私は、自宅にてあなた方の謝罪文を心から待っている。

一九八六年一月六日

緒方正人

一方でそれは、チッソが自分の出発点であり、表現の場であるということ。しかし他方では、その自分が同時に、いつでもチッソの中にとり込まれてシステムの一員となり得る存在でもあるということ。俺にとってチッソがそういう両義的な意味をもつ場所であることを確認しておきたかったというわけです。

木の舟にこだわったのは、チッソの強化プラスチックのお陰でできたような車とか舟とかで行くのは癪《しゃく》に触るからです。プラスチックといえば、チッソが作ったようなもの。クズになっても、自然には還れん品物です。漁に出ればすぐわかります。汚かですよ、海中クズで。そのチッソのクズでできとる舟に乗っとるのが嫌になった。木の舟は三十年ほど前まではこのあたりでよく見られたもの。だから、その頃まで戻ろうというメッセージでもあったんです。

「常世《とこよ》の舟」ってよか名前でしょう。恥ずかしかですばってん、注文する時にはすでに決めてありました。狂った時に辿り着いたところ、それが常世だったんです。常世とは、うーん、ひとことで言えば、安心かな。あるいは無我の境地とでも言いましょうか。

舟ができるまでの間というのは、待ち遠しくもあったけど、苦しくもあった。注文するまでもあれこれ悩んでいたわけだけど、どちらかといえば、注文後、出来上がってくるまで、そして実行にうつすまでの一年の方がきつかったですね。乗り越えなきゃいけないことがたくさんあった。例えば周囲の反応。実行すればどんな反応をされるかは予想がついた。「いまさら正人はなんばしよっとか」、「あぎゃんこつして何なっとやろか」って言われるに決まってる。まあ、俺は耐えられるだろう。でも、家族はそれに耐えられるだろうか。俺のせいでまた辛い思いをさせるんじゃなかろうか。チッソの前で毎日坐り込むとしたら、一体どうやって生活を維持していこうか。逮捕されるかもしれん。その場合の家族の生活は？

しかし何よりも俺の心の中を占めていたのは、行動にうつしてしまったら、自分は死ぬかもしれんという不安だったと思う。あんまり思いつめていたから、一度舟に乗ったら、そのまま逝きっぱなしになってしまうとじゃなかろうか、と。しかしその一方で、例えそうなってもいいじゃないか、という気持ちもありました。ここまできたらやるしかない、と。かつては被害者として、患者として行った場所に、今度は緒方正人として行く。お椀の舟に乗って鬼の中に入っていく一寸法師のような心境です。

常世の舟が出来上がり、舟下ろしの祝いをしました。一九八七年の五月十一日です。非常に賑わいました。浜元二徳（一九三頁＊6）さん、杉本栄子（一九三頁＊7）さん、石牟礼道子さんも御夫婦で来てくれた。俺にとっては望外の喜びでした。

そういえばこんなことがあった。舟下ろしの翌朝、赤崎覚（一九三頁＊8）さんから電話をもらったんです。驚いたですね。赤崎さんは舟下ろしにも来てくれてたし、第一、あの人から電話をもらうのは初めて。それも早朝のことです。俺が受話器をとると、赤崎さん、ホッとしたような感じで、こう言わったです。

「あんた、心配しとったち。はってかせんどかと思とった」、つまり、逝ってしまうのではないかと心配しておった、というわけです。さらにこう言う。「俺はゆんべ寝きらんやったばい。朝まで起きとって、早よ朝が明けんかと待っとって電話したっばい」、と。

ありがたかったですね。で、俺はこんなふうに言った。

「舟ができたらそれに乗ってそのまま逝きっぱなしになってしまうのではという心配はずいぶんありました。だけどもう大丈夫と思って舟を造ってみました。造ってみて一晩なんとか危機は乗り越えました」と。

すると赤崎さんは、「あんたにはかわいか娘もおるし、奥さんもおるがな。逝っちゃならんばい」というように言われた。それは本当にうれしかったです。舟下ろしで人々の愛

常世の舟

情に触れてわかったのは、「あっち」への誘いより「こっち」への誘い、つまり死ぬことより、生きることへの誘いの方が、強かったということです。

舟はできた。覚悟もできた。じゃあすぐチッソに行ってその前に坐れるかというと、なかなかそうはいかない。まだクリアしなければならん具体的な問題がたくさんある。一体どれくらいの時間がかかるものか。実験はやるまいと思っていた。意味がうすまるというんでしょうか。保険をかけることになるのが嫌だった。暑くて風が吹かない夏場は避けたかった。冬になれば朝方はたいてい東風《こち》か北西の風です。しかし往きは追い風でなんとかなったとしても、向かい風になる帰りはどうするか。チッソ前に坐りたい。しかしチッソの前に坐ってから何をするのか。人に笑われ、ものを投げられても、こうして家にいて思うのと同じように平静な気持ちを保てるか。

時間がかかってもこうしてひとりで問題に一つひとつあたっていくのが大事だと思う。これを集団でやると分業になっちゃう。人に加勢《かせ》を頼まんでもできる限りのことを、自分でやる。今度だけは自分でやりたかったんです。時間をかけていろいろなことを考え、結局こんなふうに決めました。例え一分一秒でもチッソの前に身を晒すことこそが大事だ。もし第一日目が無事過ぎたら、それ以後、あまり自分に無理をせず、家族にも無理を強いないように、一週間に一回、月曜から水曜ぐらいまでの間に天気のいい日を見計らって行くことにしよう。

女房には、最後の結論だけ話した。女房に限らず、俺はもともと人に相談ごとをする方じゃないんです。そのかわり、決めたら一晩かけてでも説得する気持ちで話す。だから、女房も反対してもしょうがないという感じで受けとめてたと思う。本当言うと、俺、女房と一緒に行きたかったんです。しかしこれは俺の欲だから、女房には言わなかった。もし、ふたりしてここから舟に乗ってチッソまで行っていたとしたら、俺はもうそれこそ世界一幸せな男になっていたでしょう。

舟出

実行にうつしたのは十二月七日。これ以上待てば、もう爆発するというギリギリのところにきてました。家族に見送られて舟出。その夜明け、不知火海にはいつものように程よい東風が吹いて、海面からたちのぼる蒸気を天草の方へ運んでいました。これが今日一日の晴天を約束してくれているんです。まだ薄暗い中、常世の舟は順風満帆、南へ向かう。芦北の山並みが陽の光を背後から受けてくっきりと浮かびあがって美しかったです。太陽が顔を見せたのは、大門崎にさしかかった頃でした。

やがて水俣の町が現われる。灰色の工場の群れと、たち並ぶ煙突から吐き出されるもうもうたる煙。それはこれまでの海岸線の村々とはあまりにも違う異様な姿でした。近づくにつれ、町のざわめきが耳に入り、工場からの酸っぱい臭いが鼻をつく。

丸島漁港は当時、水銀ヘドロの浚渫《しゅんせつ》工事の最中で、俺はその脇に新しく造られた船つき場に入っていきました。朝市にかけつけた漁師やら仲買人やらが、常世の舟を見てポカーンとしている。まるでキツネにでもつままれたようなしまらない顔です。この人たちは、帆をかけ櫓《ろ》を漕ぐ木の舟がこの世にあったことなど、もうとっくに忘れていたんです。

そこからは用意しておいたリヤカーに七輪やムシロや焼酎を載せて、屋台のオッチャンという姿でチッソの正門まで二十分ほど歩きます。水門の横を通り、排水溝の脇の小道を抜けて国道三号線へ。そしていよいよチッソの正門が見えるところまで来る。もう九時頃になっていたでしょうか。リヤカーの取っ手を握ったまま、呼吸を整える。何度も夢に見た場所を今、目の前にして、俺は独り言を言っていました。

「まあなんと遠かったろかい」

チッソの工場の周りにはまるでお城のように排水溝がめぐらせてあるんです。そこにはヌルリとした暗緑色の流れがある。正門の前はこの流れをまたぐ橋になっていますが、俺は橋のこちら側にある自転車置き場の前にリヤカーを置き、正門のすぐ内側にある守衛所に行って挨拶した。

「こんちは。女島の緒方ですが、水俣病んこつで門前に坐りますけん」

顔色を変えた守衛さんたちは、早速上司に連絡をとる様子。もちろん俺はチッソの方に何も知らせていない。そこへ変なおじさんがそんな形で現われたもんだから、大騒ぎっていうか小騒ぎっていうか、うろたえている。俺はそれを無視して、自転車置き場の前にムシロを敷いて坐ったんです。間もなく、向こうの課長だとか部長だとかが出てきて、「緒方さん、何事ですか」と訊いてきた。俺が「一日ここに坐っとこうち思って」と答えると、「ここではなんですから、ひとつ、中の方へ入ってお話を聞かせてください」と言う。でも俺は、「奥座敷なんて、そんな気づかってもらわんでよか。なんも心配せんでよかけん」と聞きいれない。笑っちゃいますよ。「話し合いましょう」なんて、向こうが言ってくるんだもん。俺は別に話をしようという気はなかった。言葉を尽くしたところで埋まるものではないと思っていたから。でも向こうは体面があるでしょう。それになんの目的でそんなことをしているのかもわからない。「なんもしにきたわけじゃなか」という俺の言葉に偽りはないんですが。

そして、用意してきたムシロに黒と赤の塗料で、「チッソの衆よ」、「被害民の衆よ」、「世の衆よ」という三方に向けた呼びかけを書き始めました。これは行く前からあそこで書こうと思っていたものです。内容は考えていましたが、その場で書くことが大事だと思っていた。その場で感じたことを尊重して書いたつもりです。最初の日には書ききれなくて、その次の時に書き継いだ。書き終わったものは背後の金網に立てかけていました。その前に親父の写真を置いてね。

〈**チッソ**の衆よ〉
この、水俣病事件は
人が人を人と思わんごつなったそのときから
はじまったつバイ。
そろそろ「**人間の責任**」ば認むじゃなかか。

どぅーか、この「問いかけの書」に答えてはいよ
チッソの衆よ。
はよ　**帰ってこーい。**
還ってこーい。

〈**被害民**の衆よ〉
近頃は、認定制度てろん
裁判てろん、と云う、**しくみ**の上だけの
水俣病になっとらせんか。
こらー。
国や県に、とり込まれとるちゅうこつじゃろ。
水俣病んこつは人間の
生き方ば考えんばんとじゃった。
この海、この山に向きおぅて暮らすこつじゃ
患者じゃなか
人間ば生きっとバイ

〈**世**の衆よ〉
この水俣に環境博ば企てる国家あり。
あまたの人々をなぶり殺しにしたその手で、
この事件の幕引きの猿芝居を、
演ずる鬼人どもじゃ。
世の衆よ
この、事態またも知らんふりをするか。

（太字は赤で書かれた文字）

予想とは違うようなこともずいぶんあった。例えば、最初の日に現れたお巡りさん。この人はたまたま自転車で巡回中に通りかかったんだけど、三十分ぐらい話し込んでいった。天草から転勤してきてまだ数か月しか経ってないと言っていた。歳は五十ぐらいだったと思う。別に嫌みを言うわけでもなく、「どこから来なはったですか?」とか「なんば要求しとんなはっとですか?」とかと訊く。俺が団体として来てると思ってたみたい。俺がひとりだとわかると「ひとりですか!」って驚いてました。「何も要求しとらんとですた

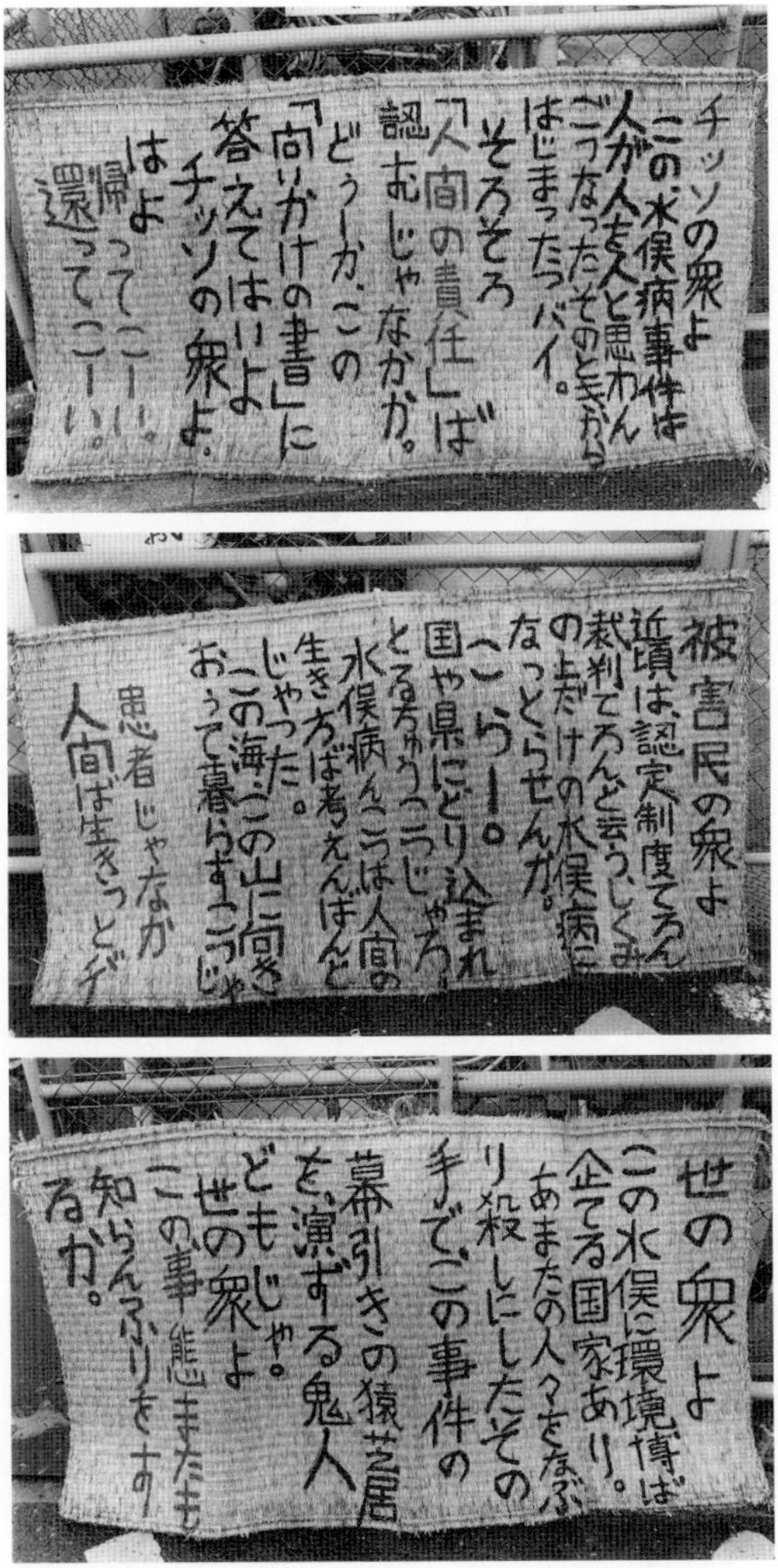
チッソの衆よ
この水俣病事件は
人が人を人と思わん
ごつなったそのときから
はじまったバイ。
そろそろ
「人間の責任」ば
認むじゃなかか。
どうーか、この
「問いかけの書」に
答えてはいよ
チッソの衆よ。
はよ
帰ってこーい。
還ってこーい。
被害民の衆よ
近頃は、認定制度てろん
裁判てろんど云うしくみ
の上だけの水俣病に
なっとらせんか。
こらー！
国や県にとり込まれ
とるちゅうこつじゃろ。
水俣病んこつは人間の
生き方ば考えんばんと
じゃった。
この海、この山に向き
おうて暮らすこつじゃ
患者じゃなか
人間ば生きっとぞ
世の衆よ
この水俣に環境博ば
企てる国家あり。
あまたの人々をなぶ
り殺しにしたその
手で、この事件の
幕引きの猿芝居
を、演ずる鬼人
どもじゃ。
世の衆よ
この事態またも
知らんふりをす
るか。

呼びかけ書（撮影・宮本成美）

い」と言うとまたびっくり。ムシロの文字をしっかと読んでいました。そして帰り際、なんて言ったと思います？「頑張ってください」だって！　こちらは逮捕されるのを覚悟で来とるのに。

俺が七輪で魚を焼き始めて一番最初に来たのは猫でした。魚食わせてやったら一時間ぐらいじーっとそばに坐ってた。あれが仁義のきり方っていうもんでしょうね。俺、涙が出るほどうれしかった。孤独だったということもあるけど、思いが詰まっていて弾けんばかりだったから。それが猫に伝わったんだと思ってうれしかったんです。だって、普通、よその猫に魚食わせてごらんなさい。さっさと逃げていきこそすれ、一時間も付き合わんですよ。

何回か行くうちにだいたい要領がつかめた。うちから水俣の丸島港まで順調にいけば二時間半くらい。しかし天候と風向き次第で、どんな事態もありうる。特に冬の天気は不安定だったし、あんまり無理しないということが大事だと思っていたから、最初から何日の何時に行く、というようなことは決めないで、自然条件や自分の気分と相談して行くことにしてました。天気のせいで、止むを得ずバスで行ったこともあります。舟で行く時は、たいてい夜明けとともに家を出る。チッソの正門前に着くのはなんじゃかんじゃして九時頃。チッソの社員が退社するのを見送って、夕方六時までにはリヤカーに荷を積んで家路につく。

坐っている俺をいろんな人が訪ねてくれたけど、それぞれに楽しかったです。新聞記者とかテレビ局の人は、「いつまで続ける予定ですか」なんて、予定なんかあったら始められんのです。「気の済むまでたい」などと言っておいたけど、実際には一分でもよかったと思って始めたことなんです。支援の人も来たけど、全く知らない人が来ることもよくあった。中には温泉に行く途中で俺が目にとまったという人もいて、「カンパしたいんですけど」と言ってくれたけど、「お気持ちだけで結構です」と断った。だって、金のいることやってないんですから。蜜柑とかお菓子を持ってきてくれる人もいた。手紙ももらったなあ。

子どもには教えられました。ムシロに書いた呼びかけを誰より真剣に読んでくれるのは、学校帰りの子どもたちなんですね。反省させられました。俺には子どもという視点が抜けていた。

で、早速、今度は白い布に「子どもたちへ」というメッセージを書いて金網に掛けました。

〈こどもたち へ〉
おじちゃんがナ、六才のときやった。
とうちゃんが水俣病になってしもうたんや。
チッソ工場のながしたどくで、
手も足もブルブル、ガタガタふるえて、
立ちも歩きもでけん。
ヨダレばながして、
くるうてくるうて死んでしもうた。
そんときから、おじちゃんはほかのこどもたちから
「水俣病ん子」といわれて石をなげられたりした。
それがいちばんつらかった。
なぁー、みんな。
水俣病んこっばふかぁく考えてみよい。
このじけんは、みんなにも、
とってもだいじなことをおしえようとしとるごたる。

（太字は赤で書かれた文字）

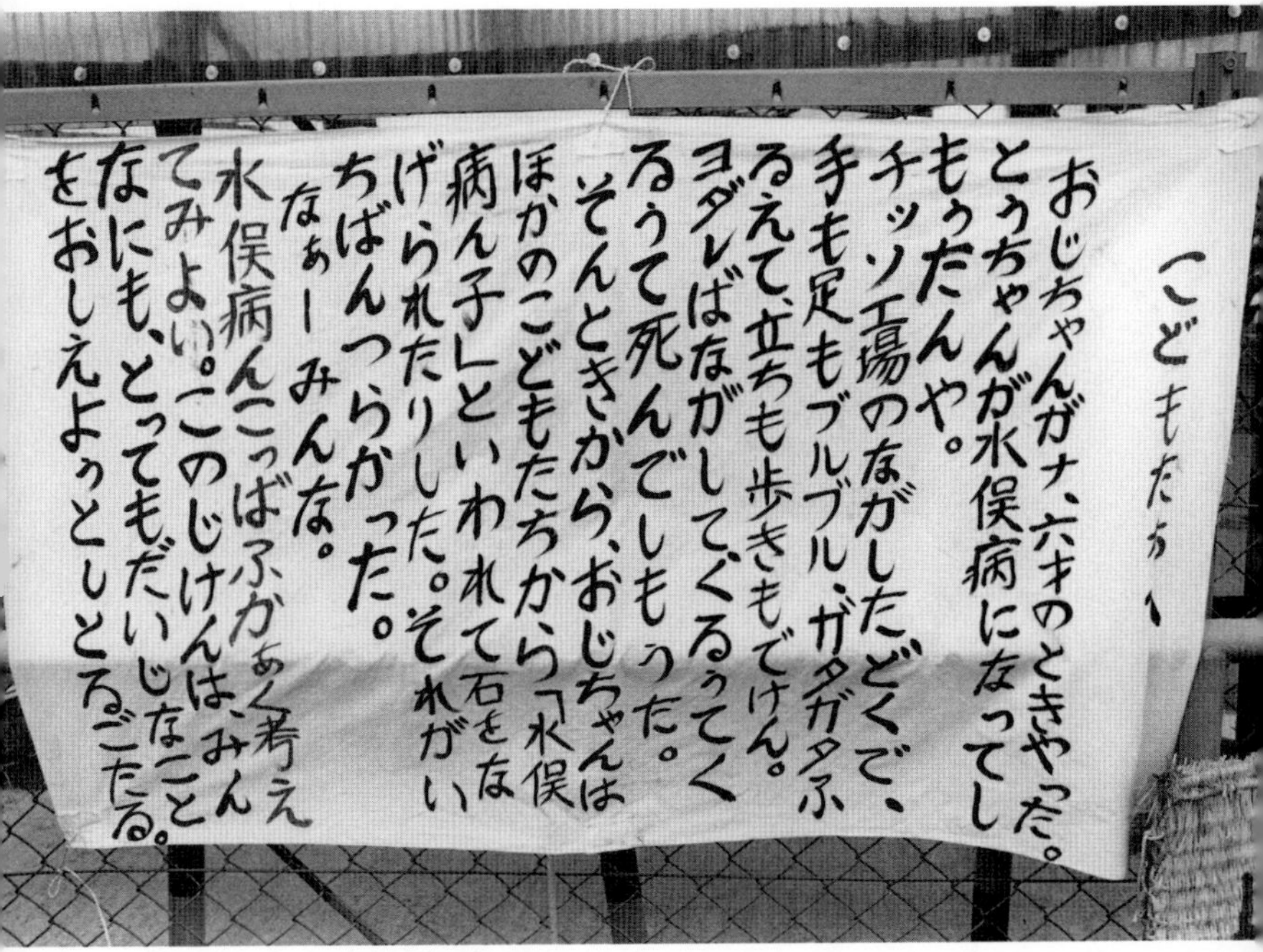
こどもたちへ
おじちゃんがナ、六才のときやった。
とうちゃんが水俣病になってし
もぅたんや。
チッソ工場のながしたどくで、
手も足もブルブル、ガタガタふ
るえて、立ちも歩きもでけん。
ヨダレばながしてぐるぅてく
るぅて死んでしもぅた。
そんときから、おじちゃんは
ほかのこどもたちから「水俣
病ん子」といわれて石をな
げられたりした。それがい
ちばんつらかった。
なぁーみんな。
水俣病んこっばふかぁく考え
てみよい。このじけんは、みん
なにも、とってもだいじなこと
をおしえようとしとるごたる。
子どもたちへのメッセージ（撮影・宮本成美）

チッソに出入りする人たちは、俺のことを横目で見ながら通っていく。中には挨拶してきたり、ムシロに書いてあることを読んでいったりする人もいた。そういう反応を見ているのもまた楽しかった。面白いことに、同じ人でも日によって態度が違うんですよ。ひとりで門から出てきた時には俺に挨拶してくれた人でも、同僚と一緒に出てくる時には何かよそよそしい。お互いに牽制し合っている様子がわかるんです。俺が焼酎を飲んでいる時に来合わせた人には「あんたも飲んでいかんかな」と声をかけたもんですが、「いや、仕事中ですから」って。でも、チッソの人に足半《あしなか》作ってやったことはあっとです。足半っていうのは、一種の草履なんだけど、ある日俺が作ってたら近づいてきて「私にも作ってください」って言う。だから作ってやったんです。喜んでました。

それまで知らなかった足半作りですが、チッソの前に坐るようになって、女房のおふくろさんに編み方を教えてもらったんです。これがなかなか難しくて、左右の形や大きさが違ってしまう。何足か作ったあとで、これとこれが合いそうだ、なんてことになる。そんなことを繰り返しながら、やがて足半らしくなっていきました。

これを始めてから、通行人が懐かしそうに寄ってくるようになった。手にとってみては、「おっどんが若っか頃はこん足半ばっかりじゃったがなあ」と昔を偲《しの》んだり、「ここん、かかとんところはな、こげんして……」と俺に助言したり。そういう時のおじさん、おばさんの顔がいい。ゆっくりとした時間の流れを感じさせるんです。ほんの少し前、彼らが国道三号線に立って信号を見ていた時の表情とは明らかに違う。同様に、チッソの労働者たちが足半を編む俺を見て「懐かしかなあ」と言う時にも、会社人間の顔が一瞬消えて、違う表情が現われます。

身を晒す

四月の終わり頃、チッソの人が俺のところにやってきて、「ここに鯉のぼりば立てさせてもらってよかですか」と訊くんです。そしてまるで弁解でもするように、別に嫌がらせしようというんじゃなくて、毎年やってることなんだって。俺が文句でも言うと思ったのかなあ。「ああ、よかですたい」って言ったらほっとした様子で立てていった。鯉の風にまかせて泳ぐ姿、それは俺の考えている理想的なあり方にも似ている。だから、大歓迎でした。

最初のひと月ぐらいの間は、チッソの方でもかなりピリピリしてました。公安の人も何度か来ていた。でもチッソは結局、強硬な手段に訴えるということはしませんでした。たぶん、へたに騒ぎを大きくしたくないということだったんじゃないかな。たったひとりで来て坐っているだけで、交通妨害するわけでも拡声器でわめくわけでもない、つまり、チッソの操業の邪魔をしているわけではなかったから。そりゃ、困ったでしょう。俺だって、変なおじさんが家の前で魚焼いて焼酎飲んでたら困るもんねえ。向こうは当初、これは一回限りのものだと思っていたみたいです。ところが俺が何回かやってくるようになると、本気だってわかってきた。ただ――これは大事なことだと思うんですが――俺が何を言いたいのかということの理解については、足並みが揃わない。個々人それぞれで受けとめ方が違っていたようなんです。

「あんたがそげんこして、何なっとな」とか「そげんこしたっちゃ、相手にゃ伝わらん」とかと何人かから言われました。でも、それは違う。これで何をどうしようとかっていう気持ちはそもそも俺の中にはないんです。逆に、何も要求しようとは思っていないよ、という気持ちをこそ表わしたかった。ただただ今日という一日をチッソの前で暮らす。自分の身を晒すということだけです。あとの受けとり方はそちらに任せます、笑いたい人はどうぞ笑ってください、そんな感じ。いわば、石を投じただけであって、そのあとの波紋については一切関知しない。相手の受けとり方が予測できるようにするというのは、自分の行動に保険をかけておくようなもんです。俺にはそれじゃ面白くないんです。

先のことを考えずにこういうことを始めたわけで、いつまで続けるかということは念頭になかった。一分でも一秒でもいい、自分を全部表わすことができるなら——そういう思いの方が先走っていたもんですから。でも、やがてやめ時を感じ始めるようになりました。五月になるとカンカン照りの日が続くようになるでしょう。アスファルトが焼けてとてもじゃないけど坐っておれん。めまいがする。それでやめることにしたんです。これ以上からだに逆らってやれば、無理が生じ、自然に相手への期待とかも生まれてきてしまうから。それで五月いっぱいで終わりにしました。

こうやって行動したことには全く悔いはないです。自分で決めたことだから。「問いかけの書」を出すだけで終わってたら、「南無阿弥陀仏」と念仏を唱えるだけの人間になってたかもしれない。いわゆる既成宗教、葬式仏教的なものに逃げ込んでいた可能性はあります。しかし、自分を表現したい、自分を確かめたいという気持ちが強かったんでしょう。行動にうつして本当によかったと思っています。

やっておいてよかったといえば、坐り込みをしている頃、チッソに申し入れて初めて工場を見学しにいったんです。以前から、一度工場をちゃんと見ておきたいと思っていました。水銀がどういうところから流されてきたのか、そのもとである工場の内部を見ておくべきだと思っていた。運動に参加してた頃、会議室には行ったけど、工場そのものは見たことがなかった。たぶん、他の運動家たちも見ていないんじゃないかな。そういう基本的なことにはなかなか関心を向けないものです。

そういうわけで、坐り込みとはまた別の機会に、女房と三人の娘を連れて水俣に行ったんです。チッソは車を二台用意してかなり親切に案内してくれました。その頃はまだ化学肥料とかフィルムの原料とかを作っていたようです。土曜日だったので、工場自体は稼働していなかった。でも、液体窒素と液体酸素を貯蔵してある棟でわざわざ実験をして見せてくれました。帰り際には、子どもたちにひとりずつノートや鉛筆をくれて、俺たちにはチッソの技術で作った液晶計算機を記念品としてくれた。上げ膳据え膳という感じで、とにかく機嫌を損ねんようにと気をつかっていた。でも向こうなりに精一杯応えたいという気持ちもあったんでしょう。

五月に、坐り込みはもう終わりにするとチッソに伝えた時、向こうの人はホッとした表情で、「いやあ、正直言って非常に困りました」と言っていた。これまでは集団交渉だったから何を言ってくるかは予測がついた。でも、今度は何を言ってくるのかわからないから、対応のしようがなかった。自分たちは企業の歯車にすぎなくて、そこから外れて対応することはできない。もしそれをしたら、その途端に弾き出されてしまうから、とも言ってました。

その時食事に誘われました。でも俺は断りました。本人たちがいくら食事以外に他意はないと言ってくれても、外に伝わる時には誤解を招きかねませんから。でも六月に入ってから、また電話があったんです。向こうも考えたもので、今度は「子どもさんたちに食事を」と言うんです。まあ、そう言われたら断る理由もありません。ではご馳走になりましょうと、家族で佐敷の町まで出かけていきました。

娘の真美子が海におぼれて亡くなったのはそれから間もなくのことです。これについての思いは尽きんのですが、ただ、死ぬ前に一緒にチッソに連れていっておいてよかったと、つくづく思います。そして、どうにもならないやりきれなさの一方に、しかしチッソの前に坐るために舟出する父親の後ろ姿だけは見てもらったぞ、という思いはあります。それがせめてもの慰めです。

安全
工場内
春の全国
交通安全運動
期間中

チッソ水俣工場正門前（撮影・宮本成美）

意志の書

一九九〇年になって、当時県知事だった細川護熙《もりひろ》が、水俣湾の埋立地で県主催の「一万人コンサート」なるものを企画しているのを知りました。水俣の環境の再生とか創造とか、美辞麗句を並べたててね。俺は冗談じゃないと思った。あそこはあいつらがそんなドンチャン騒ぎをするような場所じゃない。それで県庁に行って知事に直接そう言おうと考えたんです。女房に言うと、今度は自分も行く、と言う。俺が誘いもせんのに「こん前ん時は一緒に行かれんやったけん、こんだ一緒に行く」と。きっと彼女も、俺がひとりで「常世の舟」に乗ってる姿を見て、気持ちを察してくれたんでしょう。俺にとっちゃ、天にも昇るような気分。百万の味方を得たようなものです。だから「意志の書」という県知事と水俣市長に宛てた書簡は、女房と俺の連名になっています。

県庁に電話して、埋立地のことで知事と話したいからセッティングしてくれと頼んだんです。しかし、知事は日程の都合がつかない、副知事がお会いする、と言うので、仕方なく、七月一日に副知事と会うことにしました。ところが、六月の末、約束の日の直前になって企画部の部長とかいう人から電話がかかってきて、今から会いにくると言うんです。俺は、そんな必要はないと断ったんですが、是非時間をつくってほしいと言う。そこまで言うのならと、その日はたまたま佐敷に出る用事もあったから、町にある熊本県事務所で待ち合わせることにした。なんだか向こうは相当不安だったみたい。坐り込みでもされると思ったんでしょうかね。「どういう用件で副知事にお会いになるんでしょうか」と訊いてきた。俺はただ「自分の思いを話しにいくだけたい」としか言わなかった。その人は諦めて、すぐに帰っていきました。

そしていよいよその当日です。女房とふたりで県庁に着くと、数人の新聞記者が待ち構えていました。俺は県庁に前もって公開で会いたいと言ってあって、新聞記者にも自分で連絡してたんです。俺たちは呼ばれるまで喫茶店で待っていることになった。ところが、約束の時間になっても、一向に呼びに来ない。どういうことかと訊いてみたんです。すると、「報道関係の方がみえるということは聞いておりませんでしたので……」と言う。何も俺は内緒話をしに来たわけじゃない。最初から「公開で」と言ってあったはず。そう言うと、「確かにそうですが……」と歯切れが悪い。結局、約束の時間を一時間ぐらい過ぎた頃、中に通されました。記者たちが入ることを嫌った副知事は、俺の方から報道関係者

水俣病　意志の書（抜粋）

熊本県知事　細川護熙殿
水俣市長　岡田稔久殿

今日、水俣病事件を無きものにせんとする謀略がぬけぬけと企まれている。いわゆる水俣湾埋立地の開発構想なるものにそれは如実に表われており、謀略の主は国家権力とこれに一体となった者らに他ならない……

我らはもはやいかにしても堪忍ならず、身命をかけて闘う、その意志を明らかにするものである。

水俣湾埋立地の開発構想なるものを、心眼にて見れば犯罪現場隠しの土木工事をなしたにすぎぬのに、環境復元などと大言を吐き、水俣病の克服と環境復元を記念し、メモリアルタワーなるものを建設するという。愚かなる、未だ苦海の痛みを悟らぬたわごとである。観光レクレーション施設をつくり、イベント漬けにし、これを環境創造などというのは鉄面皮もはなはだしい。要するに水俣病事件をいまわしい出来事として忘れてしまおうとする魂胆であろう。その魂胆にむけての意識形成を目論むものである。そのためにこの犯罪現場に百五十億円という巨費を投じ、あわよくばここで一儲けしようとは、なんと小汚ない精神であろうか……

恐れを知らぬこのような行為をなおも続けるならば必ずや天罰が下るであろう。直ちに企てを中止されることを求める。

また我らは、世の人々に対し「また同じあやまちを繰返すのですか」と問い、不知火の海底深くに身を伏す思いで「目覚められよ」と訴える。

いまや埋め立てられた彼の地は、苦海の墓であると心痛んでいる。もう人為による改造はどうかやめて貰いたい。水俣病事件の墓場としてそっと永い永い歴史の眠りにつかせてやりたいと念ずるものである。

合掌

一九九〇年七月

熊本県芦北郡芦北町大字女島

緒方　正人

緒方さわ子

に遠慮してもらうように言ってほしいと言う。でも俺は、「隠す必要はなんもなか。なんで俺がそぎゃんこつ言わにゃいかんのか」と、それを蹴ったんです。「そのことで俺に会わないと言うのなら、構わん。そのかわり、俺はあんたの自宅へ行く。所帯道具持って子ども連れていってしばらく帰らんよ」と。そう言ったら、向こうは「わかった、わかった」って。会談はちょうど一時間ぐらいかかりました。まず「意志の書」を読んで渡す。そしてさらに副知事に対して自分の気持ちを語り、最後に記者会見をして終わった。副知事はちゃんと聞いてくれました。

普通、団体の申し入れでもない限り、彼ら上層部が会ってくれることはないんです。しかし、俺の場合、前から知っていたということもあるし、断れば何されるかわからんと思ったんでしょうね。女房も最初はまさか本当に副知事に会えるとは思っていなかったみたい。また、県庁の連中が我々たったふたりに対して慌てふためいているのが不思議だったらしい。女房にとってこういう場所へ出ていくのは初めての経験だったから、新鮮だったんでしょう。

俺自身にとっては、女房と一緒に行けたということが大きな収穫でした。照れ臭くもあったけど、それ以上に力強さを感じた。あとで周りの人たちから、夫婦で行ったというのが強いインパクトとなって向こうにはこたえただろう、と言われました。ひとりで行動を起こす時、それは俺個人の思想信条を実現しようとしているだけだという受けとめ方をされる。自分たちとも関係のある身近なことだとはなかなか捉えてくれない。けれども、夫婦、あるいは子ども連れというのはどこにでもある姿、つまり、県庁の人たちの日常生活の中にもある姿なんですね。一般人にとって知事や副知事なんていうと遠い存在のような気がする。しかしその意志があれば、俺たちみたいなただの漁師でも会いにいって話ができる。少なくともこのことは印象づけられたと思うんです。

結局、「一万人コンサート」は開催されたんですが、当日は昼間までの好天が急にくずれて、ここ数年なかったようなものすごい嵐になった。雨は土砂降りだし、雷は鳴るわで、屋外で行われるはずのコンサートはさんざんでした。小中高はもちろん、看護学校にまで動員をかけてやっとのことで集めた二、三千人のお客もみんな逃げるように帰っていった。入り口で抗議のビラを配っていた俺もこれにはびっくりした。一緒にビラまきをしてくれていた支援の人にこう言ったもんです。きっとこの土地の神様が怒ったんだ、って。

コンサートのあと、九月になって細川は、今後、歌舞音曲の類いはこの地ではやりません、と宣言した。そして、彼は任期を残して知事を辞めた。その後、彼が中央の政治の舞台でどう立ち回るかはみなさんご存知でしょう。彼が辞めるについては、いろいろ理由もあるでしょう。しかし、「一万人コンサート」が失敗に終わったことが彼にはかなりこたえていたはずだと、俺は思っているんです。

県に異論を唱え、それを行動に表わしたのは、俺たち夫婦ふたりにすぎなかったかもしれない。しかし、いつも思うんだけど、大事なのは数じゃないんです。魂であり、意志なんです。怒りをもって相手と対峙している時に人数は関係ない。数に頼っている集団は意外と弱いもの。いざという時になるとみんな逃げてしまうから。少ない人数で行って、たとえ負けたとしても、それはけっして恥ではない。「物申す」と、自分の気持ちを表明することが大事なんです。

俺はそもそもあの場所を埋立てるということに反対していた。これは俺だけの個人的な感情ではなくて、裁判でも争われたほどのことです。でも結局、裁判では負けて、埋立ては行われた。総面積五十八ヘクタール。野球場がいくつもできる広さです。カニのはさみみたいな形になっていて、奥の方にチッソの工場と排水溝と、大量の毒を廃棄した場所といわれる水門がある。反対側には海。前にはずいぶん遠く見えた恋路島《こいじしま》にもう手の届くようなところまで陸になっている。港湾施設がある他はただの更地。本当に何もない。

高速道路がもうすぐ水俣にまで達する予定なんです。それがもたらす観光客を見込んで、この埋立地を中心に一大レジャーランドを建設しようというのが細川時代の県の発想だったと俺は思うんです。でも、人殺しの現場で、何がレジャーランドですか。まだおまえら、ここで銭ば稼ぐとか、って言いたくなる。「問いかけの書」にも書きましたが、犯罪者が犯行現場に戻ると俗に言われているのは、本当のことですね。その動機はまず証拠隠滅です。あそこは水銀ヘドロが堆積し、いのちを失ったイヲたちのうろこが銀色の絨毯のように敷きつめられたところ。そしていのちを奪われた人々の魂うごめくところです。それは墓場なんです。

埋立てとは、「もう水俣病事件は終わった」と言いたい者たちが考えたシナリオです。しかもそこには、埋立てでできる土地を当の加害者のチッソと国と県とで山分けしようという筋書きまで書き込まれていた。その上、「環境博」だの「園芸博」だの「一万人コンサート」だのを開くという。「呆れた鬼人どもだ」と俺は「問いかけの書」で言ったんですが、一体他にどんな呼び方があったでしょう。

細川が熊本県を放り出して東京に行ってから、埋立地の利用計画は二転三転しました。今は公園化計画が語られている。森と広場を造るんだそうです。それはそれで結構なことです。

しかし俺にとって一番大事なのは、あの場所に立つ時の自分たちの心のありようなんです。それを抜きにして、ああしよう、こうしようと言うのは空しい。人はよく権利、権利と騒ぎたてるわけだけど、権利という字をひっくり返したら、利権なんですね。権利、権利と何回か続けて言ってみると、実は自分が利権、利権と言っていることがわかってしまう。

わび入れる場所

埋立地というのはつくづく因果な場所です。本来の地形というものは、海というものがあり、せり上がって浜があり、そこには潮の満ち引きがあり、さらに丘があって山がある。そこにはまた水の流れがあって、陸は海とつながっている。埋立地に立つと、そういうなだらかな連続性がなくて、海と陸との関係はすべてL字型になっているのがよくわかる。その意味で埋立地というのは象徴的です。水俣病が自然の循環をズタズタにしたことを改めて思い出させる。

本来なら海に還してやらにゃいかんのです。しかしそれができん。できんところにまで、人間の欲深さが追いつめてしまった。核廃棄物処理の問題によう似とるですよ。へたに動かすこともできん。

あそこは法律上は熊本県の所有になっている。しかし埋立てについては国もかんでいるから、発言権をもっている。俺は言うんです。あの場所に関しては、誰も所有権は主張してくれるなって。番外地にしておいてくれって。そもそも所有とはなんでしょう。俺に言わせりゃ、何かを所有するからには、それを永久に管理する責任もまた伴う。この意味じゃ土地の所有を云々するのは滑稽なことです。土地を所有するにはその土地より長生きせんばならんことになるから。

水俣湾の埋立地は水俣病の原点ともいうべき場所です。この場所に自分は一体どう向いあったらいいか、というのが俺にとっての問題です。ひとことで言うなら、それはわびを入れる場所だと思うんです。人から言われてではなく、自らすすんでわびを入れようと思う、それは自分の罪を思う時なんです。

「埋立地に、野仏を」という話がもちあがったのは一九九三年。話し合いの結果、よしやろうということになった。一九九四年の春に、俺たち水俣病患者有志十七人が集まって、「本願の書」というのを発しました。俺はその下書きを書かせてもらったとです。

かつて水俣湾は海の宝庫でした。回遊する魚たちは群れをなして産卵し、その稚魚たちはここで育ち成魚となりまた還ってくる、母の胎のような所でした。百間から明神崎に至る現在の埋め立て地のあたりは、イワシやコノシロが銀色のうろこを光らせ、ボラが飛びかい、エビやカニがたわむれていました。潮の引いた海辺では貝を採り、波間に揺れるワカメやヒジキを採って暮らしてきました。私たちはこれらのいのちによって我が身を養うことができたのです。

こうした豊かな自然を産業文明が破壊していくわけですが、俺はそれを人類史に刻み込まれるべき人間の「原罪」と呼んだ。水俣湾とあの埋立地が人間というものの罪深さをみごとに表わしているとすれば、そこはまた同じ人間がおのれの罪深さに対面し、わびを入れ、祈る場所でもあるはずだ。その意味で、埋立地に野仏を置こうという呼びかけに俺は共感したんです。「本願の書」ではこんなふうに言っています。

埋立てられた苦海の地に数多くの石像（小さな野仏さま）を祀り、ぬかずいて手を合わせ、人間の罪深さに思いをいたし、共にせめて魂の救われるよう祈り続けたいと深く思うのです。病み続ける彼の地を、水俣病事件のあまねく魂の浄土として解き放たれんことを強く願うものです。

一九九四年三月二日、水俣病患者一同

わび入れをしようという気持ちになった自分のいわば身代わりとして、野仏さんに坐ってもらおうと思うんです。そしてその野仏さんを仲立ちとして魂と魂とが出会えればいい、亡くなった人と生きている人とがつながればいい、と。この願いを本願と呼ぶんです。

今年（一九九五年）初め「本願の会」が発足しました。一月二十九日に水俣で発会式をもちました。組織というより、個人の集まりという感じで、みな、意見も立場も違っている。ただ基本的な姿勢としてみんなで合意したのは、水俣病事件の「全面解決」なんてあり得ないということです。そしてかの地に野仏を祀り、以前の海や山の姿を少しずつ取り戻していくために、ゆっくり動き始めたところです。

六月には沖縄へ旅をしてきました。野仏のことを考えたり、魂のふるさとということを思ったりする時に、俺には沖縄という場所がずっと気になっていた。前から好きだったミュージシャンの喜納昌吉さんに会ったり、祭礼の写真を撮り続けている比嘉康雄さんの

「本願の会」発足にあたって（全文）

ここ水俣における前史になき受難は、その一切が無辜《むこ》なる原住の民に向けられ、海の生き物から山河の生き物から順々に人間が在った、命の世界をずたずたに切り裂いてしまいました。

前史においては、深き縁《えに》しのもと魂の交わりは幾重にも結ばれ、故に、生かされて生きるいのちの共々に存在する水俣、不知火の世界でございました。ここに臨界を超えて侵入したる産業文明は、非情にも魂の契りを打ち壊し続けたのです。魂とは命の別名でございます。この無限の尊厳に対する侵略は文明の主たる人間の罪として自らに自白させねばならず、その詫び入れをしなければなりません。

しかしながら、水俣病事件において最も責任を負うべき国家は未だ逃避し続けており、馬脚を表わし続けたこの四十年来に、私達はその正体を見たのでございます。

他方、近年水俣病の全面解決などとの声を聞くにあたっては、受難史の本質を制度的手法によって埋立て、政治社会的な低次元において処理し、終わらせる事を前提とした、全面解決などとは忘却そのものであります。

むしろ、「終わる事のできない水俣病」を引きとって、苦海に沈む命（魂）の叫びを共に聞き、対話し、我が痛みとして引き受けてゆく事こそ祈りであり、人としての命脈を保つ事と心得ます。さらに、その事が水俣の意味を次代に伝言し続け、悲願である甦りへの道筋であると存じます。

水俣の埋立の地は嘆き悲しみの魂たちが集う場であり、せめて草木のなかに野仏さま（魂石《たましいいし》）を祠り、限りなくいつくしみ、終生帰依の念をもって祈り続けたく思います。

私どもは、事件史上のあるいは社会的立場を超えて、共に野仏さまを仲立ちとして出会いたい、その根本の願いを本願とするものでございます。

近代文明日本の縮図としての水俣、この地より魂の帰還を心底から呼びかけ、ここに本願の会発足を宣し、多くの皆様方の参加同行を謹んでお願い申し上げます。

本願の会発足にあたり、本文をもって御挨拶とさせて頂きます。

一九九五年一月二十九日　文責　緒方正人

「本願の会」で野仏を彫る

案内で宮古島の御嶽《うたき》巡りをしたり、精神的にみのりの多い旅だった。

七月の終わりには、喜納昌吉とチャンプルーズが水俣に来てくれて、埋立地でコンサートをしてくれた。彼らは沖縄の西端の与那国島からサバニと呼ばれる木の舟を漕いで、被爆五十年の広島と長崎へと向かう途中で水俣に立ち寄ってくれたわけです。楽しくて踊りまくってしまいました。前に細川県知事のコンサートにあれほど反対したもんが、なして今、埋立地でコンサートを、と訝《いぶか》る声もあったけど、それに対しては「俺がやるならよかったい」と言ってやった。もちろんそれは冗談半分ですけど、あとの半分は本気です。

コンサートは海辺でやりました。もう、すぐ目の前に恋路島があって、そこから蝉の声が聞こえてくるようなところです。恋路島というのはその昔〝らい病〟患者を収容する場所として使われたりしたそうですが、今は無人島で、開発などの手がつかないまま自然の姿をとどめている。こんなことは水俣病事件がなかったらありえなかったでしょう。皮肉にも、水俣病のおかげで都市のすぐそばに原始の森が残っている。そしてこの島はここにあってずっと水俣という場所で起こってきたことの一部始終を、静かに見守ってきたわけです。文明がこの地に降り立ってから引き起こしてきた変化のすべてを。俺はこの島を聖なる島だと思っています。これに手をつけたらいかん。

また恋路島のすぐ近く、埋立ての前に岬だったところは、太古の昔に南の島から先人たちが着いた場所とされている。神が降り立った場所、といってもいいでしょう。俺は最近そのあたりの林の中で、御嶽を見つけました。一組のアコウの巨木が立ち、その周辺に大きな石を組んだあとがある。一本のアコウがいくつかの石をその根でつかみあげ、抱擁するようにしていた。御嶽というのは沖縄の固有信仰の聖なる場所のことですが、俺が見たのはそれと同じものに違いない。それがなぜかここに辛うじて残っている。俺にはこのことが一種の奇跡と思えるんです。

開発屋たちがいろんなことを言いたてています。埋立地から恋路島へ橋を架けようなんて案さえあるんです。人間の欲望っていうのは計り知れんもんですよ。見ててごらんなさい。すぐ埋立地のあちこちに自動販売機が欲しい、トイレが欲しい、公衆電話が欲しい、という騒ぎになるから。聖なる森も放っとけばあっという間に食い尽くされてしまう。だけど俺には、その森こそが我々のもとに辛うじて残された手がかりだという気がする。恋路島や御嶽を手がかりとして、そして野仏さんを道しるべとして、病んだふるさととの自然が癒されるような方向を探りたいと思います。

＊1　**川本輝夫**（一九三一‐一九九九）水俣市生まれ。六五年、チッソに勤務していた父を水俣病で亡くす。自身も水俣病を発症しながら未認定患者救済運動や補償交渉など、市民運動をけん引し、市議もつとめた。

＊2　**柳田耕一**（一九五〇‐）熊本市生まれ。東京農大時代に水俣病患者支援運動に参加。水俣へ移住し、相思社設立に関わる。「水俣生活学校」をつくり、「ポスト水俣病」の自給自足型生活を提起した。

＊3　**土本典昭**（一九二八‐二〇〇八）岐阜県生まれ。ドキュメンタリー映画作家。『水俣――患者さんとその世界』（一九七一）、『不知火海』（一九七五）など、水俣病をテーマにした作品を発表し、評価を集めた。

＊4　**石牟礼道子**（一九二七‐二〇一八）熊本県天草市生まれ。作家。生後まもなく水俣へ移住し、代用教員を経て結婚。家事の傍ら、詩歌を中心に文学活動を開始。代表作『苦海浄土』（一九六九、講談社）は、水俣病問題を社会に提起した。『石牟礼道子全集』（全十七巻・別巻一、二〇一四、藤原書店）など著書多数。

＊5　**谷洋一**（一九四八‐）北九州市生まれ。水俣病第一次訴訟や未認定患者の支援活動に関わり、水俣病認定申請患者協議会の結成に参加。現在もNPO水俣病協働センター理事などを務め、患者支援を続けている。

＊6　**浜元二徳**（一九三六‐）水俣で両親とともに漁業に従事。両親を水俣病で亡くし、自らも水俣病に苦しむ。水俣病第一次訴訟に参加。国連環境会議やカナダ先住民との交流など、国際的な活動にも取り組んだ。

＊7　**杉本栄子**（一九三八‐二〇〇八）水俣市生まれ。母親が水俣病を発症したことで地域から差別を受ける。水俣病第一次訴訟に加わり、夫婦で水俣病を患いながらも、一九七四年、地元に「栄子食堂」をつくった。

＊8　**赤崎覚**（一九二七‐一九九〇）水俣市生まれ。元水俣市役所職員。市衛生課にいた時に水俣病患者とのつき合いが始まり、寄り添った。『苦海浄土』に「蓬《よもぎ》氏」として登場するほか、自身でも文章を書き残した。

埋立地の近くに立つ、アコウの木の前で

Ⅲ　もやい直し

一九九六－二〇〇〇

今思うこと

兄たちが死んだ時の歳を越えて、俺は生きている。俺の人生の折り返し点からしても、もう十年が経ちました。十年前に狂いの中で、過去の出来事のすべてがつながっていることに気づかされたわけです。それからの十年というのは、あの時一挙に見せられたものを、一つひとつ実際にやっていかざるを得ない——そんな年月だったと感じます。認定申請のとり下げや「問いかけの書」や常世の舟や坐り込みから、「意志の書」や野仏まで。そういう意味じゃ、あの狂いの過程はすっかり終わっていない。山を下山してしまったわけじゃなくて、実は今もなだらかな裾野を歩き続けている、とでもいいましょうか。考えてみれば、俺、静かな暮らしをしてたことはあんまりないです。柄に合わんとですかね。

今年（一九九五年）は戦後五十年ということで、世の中、いろんなことが抑えようもなく吹き出している感じです。節目という言葉は使われているけど、実際には過去を否定するような言動の方が目立って、また節目をつくれないままに終わりそうです。竹を見ればわかるように、節というのは間隔が近い方が強かですがね。日本人は節目なしに五十年生きてしまった。そういえば水俣病事件も、水俣病のいわゆる「公式発見」から数えて来年（一九九六年）で四十周年を迎えます。終戦の時にはすでに海の異変が始まっていたともいわれる。その意味では水俣病五十年です。どんな節目ができるでしょう。

過去を否定することは未来を否定することだと俺は思っています。過去がいつもいつもついてまわっている。だからこそ未来があり得るんだと思う。過去を清算する、という言い方があるけど、それは、過去を現在や未来から切り離して初めて言えること。俺にとっては過去も現在も未来もひとつです。だからこそ今、過去に腹が立ちもする。俺の中で過去は終わりゃしません。過去と切れるというのは、失われた魂たちと交信できてないということじゃなかろうか。埋立地に坐ってくれる野仏さんが、中継基地のようになっていくといいんですけどね。

さて、水俣病事件をめぐる現在をどう俺が見ているか、それを話しましょう。

チッソの加害責任を問う一次訴訟と自主交渉の闘いによって、一九七三年三月にチッソの敗訴が確定、七月に補償協定が結ばれ、その後の認定患者についてもこれを任意適用するという一項が書き込まれた。それ以来現在まで、認定申請患者の人たちによって、行政責任を問う長く苦しい闘いが続いているわけです。こうした闘いは、長年の水俣病被害の事実を考えれば十分すぎる根拠をもつものとして、社会的に肯定されるべきでしょう。

しかし、俺が自らを省みて思うのは、いつの間にか水俣病が認定制度や裁判といった「しくみ」の中でしか語られなくなっているということなんです。なんせ今の時代はほとんどすべての物事が、カネというものさしで測られますからね。そのしくみはもういたるところに張りめぐらされている。水俣病の運動に限らず、他の運動もまたそれから自由ではあり得ないわけです。

公害事件が相次ぐ中で、政・財・官が水俣病の公害認定に合わせて「救済法」を施行したのが一九六九年十二月。さらに一九七四年九月には「補償法」を施行している。今思えば、これらはいずれもチッソの企業責任をかわすための保険制度であり、いわば患者たちを「しくみ」の土俵の上で生かさず殺さずにしておく策なんです。

さらに一九七八年六月には、補償金肩代わりのための県債発行が決定され、現在までに千五百億円近いチッソ支援対策が実行されてます。県債は五年間据え置きの三十年間償還で始まり、いつの間にか返済のためにまた県債を発行するという始末です。それに支えられたチッソはまるで、死んでも死なない不死鳥です。こうして患者への補償やヘドロ工事負担にあててきた金は、返すあてもなく、またその意志もない。まさにシステム社会というもののあり方――つまり、誰も、どこも責任を認めず、責任をとらないシステム――を象徴する出来事です。

現在も係争中の国家賠償請求マンモス訴訟の弁護団は、「和解による早期全面解決」を叫んでいる。その中身は、きわめて低額の補償金のようで「国の加害責任抜きでも早期解決を」という声さえ聞かれます。「しくみ」の中にとり込まれて二十年あまり、運動の疲労がここに極まったな、という感じです。

無論、こうしたことはみな俺にとって他人事ではあり得ない。俺自身一九七四年に認定申請をし、一九八五年にとり下げるまで、中請患者という立場から運動に参加したわけです。その経緯についてはすでにお話しした通りです。俺が申請をとり下げたのは、要するに「システムの中の水俣病」というものにもう我慢しきれんようになった、ということです。

運動の中で我々は責任を追及していた。しかし、この四十年の間にはっきりしたのは、チッソや県や国は「しくみ」の中での回答しかできず、本質的な責任がとれないということ。我々には責任の所在を明らかにすることができない。だからこそその代価として「救済」を求めてきたんではなかったろうか。責任がとれない者のための代替措置として補償制度が用意されている。そのことに俺はたまらないじれったさを感じてたんです。

責任なんてとれるもんじゃなかですよ。なのに、とれるものだという錯覚がある。裁判制度も法律もこの錯覚を前提としてもっているから、損害賠償を払えば責任が完結するかのようにみえてしまう。俺はそこに引っかかりを感じたんです。そして、カネでなければ、では一体なんなのかとずっと考えてきました。本来、責任というのは痛みの共有だと思うんです。ところが、痛まずに済ませるために、「これだけの金額で我慢してくれ」という商取引のような関係にもってきてしまう。金は責任という言葉に変換される。そしてこの変換によって何か重要なものが失われていくんです。俺はその変換を拒否したかった。だから、申請をとり下げた。

これまでの責任追及の闘いを否定するつもりはありません。それは被害民の正当な怒りの表現として大きな意味をもってきたと思う。これによって明らかになった事実も少なくないし、申請患者の医療費を獲得するといった具体的な成果もあった。しかしそうしたことと、本質的責任を問うこととは違う次元のことです。第一、国家責任、チッソの責任と言う時、その責任がどこの誰にいつからあるというふうに特定できるんだろうか。また水俣病はいつから始まったと規定できるんだろうか。チッソが水俣にやってきた時と考えるか、水銀を使い始めた一九三二年と考えるか。運動の中で言われてきたチッソや国や県や市の責任というのは、いわば構造的な責任。その構造的な責任の奥に、どうしても人間の責任があるように思えてならない。どの時代の誰の責任と、はっきり示せないような責任。それは言い換えれば、誰の責任というようなことではすまされないような奥深いところにある責任の問題です。

さらに、チッソの責任、国家の責任と言い続ける自分をふと省みて、「もし自分がチッソや行政の中にいたなら、やはり彼らと同じことをしていたのではないか」と問うてみる。すると、この問いを到底否定し得ない自分があるわけです。それは「自分の中にもチッソがいる」ということではないか。そこで結局俺は、水俣病事件の責任ということについてこう結論せざるを得ない。この事件は人間の罪であり、その本質的責任は人間の存在にある。そしてこの責任が発生したのは「人が人を人と思わなくなった時」だ、と。水俣病事件史が問うていたものは何かというと、つまるところ「自分」なんですね。運動の中で我々はこういう根本的なことを避けて先回りしようとしていたわけです。

水俣湾に浮かぶ恋路島を背景に、埋立地で

梯子を外す

しかし、「責任はとれないものだ」と言い、「人間の責任にランクづけはない」と言う時に生まれてくる問題もあります。つまり、「それでは敵を許してしまうことになるが、それでもいいのか」という疑問です。確かに、許してしまうというのは容易なことではない。これまで敵を敵として位置づけることによって自分の存在を確認してきている者は、その敵がなくなったら、自分自身の思いをどこへ向ければいいのかわからなくなって、自分を見失ってしまう。それが怖いんです。

俺はその怖さを知らなかったから申請のとり下げなんてことができた。若かったんですね。だから俺は、何もみんなが申請をとり下げるべきだとは思っていないし、それができるか、できないかで優劣が決まるなどと言っているわけじゃないんです。敵の存在を否定すれば、その反動で襲ってくる力に耐えきれんですよ。現に俺自身がそうだったから。みんなは、俺が申請をとり下げたのはその先の目標があったからだ、と思っとったようです。ところが実際はそうじゃなくて、先が見えないのにとり下げてしまった。だから、狂っちゃったんですよ。たまたま俺は年が若かったから、辛うじて気持ちをとどめることができたんです。

責任を問う側と問われる側の関係についても考えてきました。普通、問う側は問う側でしかなく、問われる側は問われる側でしかない、つまり、二極的なあり方でしかないと理解されている。でも、なんとか双方の共通基盤を探したい、それが俺の希望です。

でも、確かに、責任を問う側から問われる側に近づくのと、その逆とでは違うだろう。問う場合には集団から外れて個人としてでもできるけど、問われる場合には個になりきれんところがある。俺がひとりでチッソの前に坐り込みをした時、向こうが困ったというのはそこのところです。でも、個と個にならない限り、本当の接点は生まれません。

責任追及は国家や権力に向かうべきだという意見もあります。俺は国家に賠償責任を問うことを全面的に否定しているわけではない。でも、仮に国家の責任を認めるという判決が出たとしても、結局そこでも国家とはなんなのかが明示されることはないでしょう。国家の責任というのはいくら追いかけても摑みきることはできない。そこには核となるべき人間主体としての実体がないから、結局、無重力状態の中に吸い込まれてしまう。システムというものがあるだけで、そこには責任の引き受け手は存在しないんです。国家とは何かというと、摑みようのない化け物。どこまでいっても逃げ続け、首を切ってはすげ替えるということを繰り返す。しまいには向こうの深みに誘い込まれていて、こっちの魂まで食われちゃう。この辺じゃ、怪物のことをガゴっていうんですが、まさにそれです。ガゴを執拗に追うかわりに、ただひと声、「おら人間ぞ！　おまえらの正体見たり！」と発すればそれでいいんです。

罪と罰——この問題を責任ということとの関連でどう理解するかが重要なポイントだと思う。罪は普通、否定的なものとしてしか見られていないでしょう。でも俺はもっと肯定的に、我々の誰もが背負っているし、またこれからも背負っていくものだと思っている。責任がとれるという幻想から自由に、いわば責任がとれないという現実に向き合って生きる。罪に向き合って生きる。責任がとれないということの痛みにうたれて生きる。

こうした生き方と関係のないところでいくら謝罪や反省の言葉を重ね、補償とか救済とかの手を打ったとしても、それは空しい。責任のとれなさについて一人ひとりの自白が存在しないところで、いくら政治家たちが「責任を痛感する」とか「遺憾の意を表わす」とか言っても、それは空しい。白人たちが紙に書き連ねる言葉がインディアンたちに届かんのはきっとそのせいでしょう。魂の込もっていない謝罪なんてものに本質的な意味はないんです。

「国家に責任がある」という気持ちはよくわかります。でも、国家というのは結局、おのれのことです。そして、そうしたシステムの一環にあったチッソというのはもうひとりの自分のことです。そのことが自覚されると、恨みはふっとんでしまう。「もう一度恨みを呼び起こせ」みたいなことを言う人がいますけど、俺としては、恨みにつき動かされて運動をやっていた頃の自分に比べて、運動をやめてからの自分の方が俺らしく生きてきたなと思う。

人はなぜ金でおちるのか。反原発をはじめとした環境運動を眺め、また、自分の携わってきた運動を振り返りながらいつもそう思ってきた。なぜ補償金だの、一時金だの、見舞金だので人は手を打つのか、受け入れるのか。

そもそも補償という考え方は、明治以降、近代主義と一緒に入ってきたものなんじゃないでしょうか。それ以前は圧倒的な権力差のある間柄では泣き寝入りしかなかったと思うんです。近代主義と呼ばれるいろいろな民主的制度の中に補償という考え方もあった。でも、これは決して上からの押しつけだけで入ってきたわけではない。それは当時の国民の民主化要求の成果でもあったろうし、現在にいたるまでこうした要求は続いている。つまり、オギャアと生まれてから死ぬまで銭がなければいられないという生活も、また補償というシステムも、ただ資本や権力から無理やり押しつけられたものではなく、我々が望んだものでもあったということです。

現在では、大方の労働者が体制に組み込まれてしまって、「階級」なんて言葉を使っている人はほとんどいない。もう右も左もわけがわからんようになってしまっている。民主化要求の運動も、もう来るところまで来てしまったという感じです。補償のあり方にしても、これからは経済の拡大とともに要求額も大きくなっていくでしょう。労災なんかにしてもそう。つまり、相関的なんです。資本や権力の拡大に見合う形で、こちらの魂も確実に抜かれてきている。いわば今日の状況は、体制と我々庶民の双方が協力してつくり出してきたものだと思う。

補償を受けとった人たちのことをどう考えたらいいか。これについてはずっと考えてきました。彼らにはふた通りあって、ひとつは、金が欲しいというわけじゃないが罰金としてとってやろう、と考えている人たちです。もうひとつは、そういうふうに闘って補償を勝ちとった人たちにあやかろうと認定申請をした人たち。さらにまた、この人たちのあとを追っかける人たちもいるわけですが。大きな違いは、一方が闘いとったのに対して、他方がもらったということ。闘いとった人の場合には、相手に自分の問いかけは受けとってもらえなかったが、補償という形を選びとることで、とりあえずは自分の心の中に引き取って帰ってきたということ。しかし、この場合にしても、なぜもう一歩、「金じゃないんだ」と言ってシステムの壁を突破しようとしなかったのかという問いが残る。金を受けとった上で、「金じゃないんだ」と言っている人たちもいます。だけど、金を受けとってしまえば、やはり壁を越えることはできないのではないか。なぜ彼らは突っぱねることができなかったのか。その疑問はずっとありました。

今では、彼らの気持ちがわかるような気がします。我々のいる世界がお釈迦様の手のひらであるということは隠されていますよね。こだわりを突きつめていってそれを見てしまうことはとても苦しいことだから、隠されているというのは釈迦の情けだともいえる。恐らく補償を受けとった人たち、特にその補償運動の先陣をきっていた人たちは、「金じゃないんだ」ということにこだわり続けていく限り、あまりの苦しみに自分のいのちを危険に晒すようなことになりかねないと予感してたんじゃないだろうか。それでもなおその先を見ようとすれば、弾き出され、孤立無援の状態で狂わざるを得ない。それを予感していたからこそ、金を受けとり、一度投げかけた気持ちを自分の中に閉じ込めてしまったんじゃないか。そう考えていくとね、「なしてあんたたちは……」というふうに彼らを責めることはできない。

この俺の気持ちは、今認定申請をしている人や「和解」を模索している人に対しても、基本的には同じです。ある意味じゃ、最初にチッソに対して闘いを挑んだ頃の状況よりも、今の方がもっと厳しかですからね。支援に馳せ参じてくる人はもうほとんどおらんし、マスコミは「早く和解しろ、和解しろ」と合唱する。そういう中で、「銭じゃなか」と突っぱねていくことはいよいよ厳しいんです。「せっかくこれだけの金額で和解と決めたのに、今さらあんただけカネじゃないと言われても困る」という圧力も強くなってきているでしょう。

だから俺は、こげん考えればよか、と思っているんです。患者は補償金を受けとるんじゃなくて、ただ退却するんだって。長い間、さんざん責められたり、疎まれたりしながら、それでもじっと辛抱してきた。でも水俣病事件は何ひとつ解決したわけじゃない。たかが二、三百万の〝和解金〟ですよ。それは金の問題じゃない。退却するんです。逃げるんじゃない。引き揚げるだけのことです。水俣病っていう言葉に執着しなくてもいいんです。死ぬまで引きずらんでいい。システムから自分を解放するように、ただ水俣病からも自分を解放してやればいい。ただそれを手放して、普通の人の暮らしに戻ればいい。こう考えるなら、一時金を受けとる人たちの気持ちは俺にもよくわかるんです。

今でも認定申請している人たちに対しては、ずっと同じ暮らしをしてきた者として情《じょう》がないわけはありません。彼らが受けとる補償金については、旅費として理解したらいいんじゃないかな。二百万や三百万もらったって、車一台買えるぐらいの金額でしょう。裁判費用払ったら、そんなに残るはずもない。運動して歩いた旅費分ぐらいのもんなんです。それでも、申請して二十年も三十年も待たされれば、たいがいのとこで手を打ってしまおうと思う。そういう気持ちは本当によくわかるんです。だから、その金をもらうな、とはよう言いきらん。むしろ俺は、金をもらってもしょげこむことはなか、と言ってやりたい。しょげこめば、それこそ向こうの望むところ。路銀として平気で受けとればよか。そして舌を出してアカンベエでもしてくれればよか。「おまえらの言う責任とはこれっぽっちのものか」と捨て台詞《ぜりふ》でも吐いて。そのくらいしたたかでもいいんじゃないか。

いろんな人たちがいて、いろんな性格をもち、いろんな条件の中で生きている。それは、昔の俺んちが雑多煮状態でいろんな人がごっちゃになって生きていたのと同じじゃないかな。だから、俺、みんなに言ってやりたいんです。もうよかけん、帰ってこい、と。なにもみんな卒業証書をちゃんともらって帰ってこなくてもいい。ごった煮でよかけん、早よ帰ってこい、と。戦争に行ってる息子に、手柄なんかいらんからとにかく帰ってこいと言う母親と一緒です。家出して、手ぶらじゃ故郷に帰れんと言ってる息子に、そんなことはどうでもいいから、早よ帰ってこいと言う母親と。帰ってきてから、これっぽっちの金で騙されたと悔やむ者もおれば、せっかく手に入れた金を途中で盗まれたと言う奴もおるかもしれん。しかし本人さえ帰ってくれれば、よかった、よかったと親は言うもんです。戦争に負けて帰ってきた青年たちを迎えた故郷の人たちの気持ち、まさにそれだったんじゃないかなあ。俺もそんなふうに迎えたい。しかしまあ、敗戦直後と違うのは、「わいどんがおらん間にイヲば増えとっぞ」と言って迎えてあげることができないってこと。逆にイヲばおらんようになってしまっているから。都会に出ていった人たちだって、帰ってきたいんですがね、本当は。

前に、敵を許すというのは容易なことじゃない、という話をしましたよね。俺はまだ若くて怖いもの知らずに申請のとり下げなんてことができた。でも俺は権力を許してしまったんじゃないんですよ。捨てちゃったんです。俺は、国家なんて追いかける値打ちもないものだと思う。国家は所詮、責任はとれないし、また、とろうとはしない。制度的な答えはいずれ出すでしょう。でも、俺たちが本当に求めているのは、痛みの共有です。求めている方にはいろいろな気持ちが詰まっているけれど、答えるべき方はシステムとしてしか答えない。個とシステム、その違いが決定的にある。だから、問題は信の置き方。俺は個の方に信を置いておきたいということです。人は生まれると役所に届けが出されて、日本国籍をもらって、就学通知を受けとる。そういう意味ではからだは社会を離れることができない。だから、せめて信をそこに置かないことで、国家を離れたいと思うんです。役所に置いてある届けは、言うなれば、「世を忍ぶ仮の姿」ぐらいに思っときゃいい。自分の信は別のところに置いておく。

「申請とり下げは国や加害者を喜ばせるだけだ」と言う人がいるけど、俺は全然そう思わない。俺は国家に三下り半を突きつけているつもりです。体制は秩序を一番に考えます。その意味で案外、国家の方が困るんじゃないかと思うんです。生きている限り、「終わった」とは言わない人間がいる。そいつは自分たちのものさしでは測れないところにいる。そういう意味では困ると思うんですよ。国家に信を置かずに、自分たちの方に信をとり戻す——これも一種の国家との闘いだと思うんです。

運動をしている人たちは、もしその運動がないとしたら一体何があるんだということについてぜひ一度考えてみた方がいい。運動というものが、そして敵というものが、果たして自分を支える梯子になっていないかどうか。その梯子を自分で外そう、と俺は言いたいんです。それはとっても怖いことではあるんですがね。自分で外す、これが大切なことなんです。

魂うつれ

今の日本の状況はあまりに歯がゆいから、他の人々と一緒に変えていきたいと思いたくもなる。でも、そのことを考え出すと、呼吸が途絶えるんです。気が遠くなっちゃう。俺がこだわっているのは今なんです。今を一生懸命生きるのが俺にとっての人生。ああ、今日も生きとった——その連続なんです。先のことを把握しようとかコントロールしようとか、そういう気持ちは捨てた方がいい。相撲とりだってインタビューで言うでしょ、一日一日頑張るだけですって。

しかし、今を精一杯生きるということは、結局何代も先のために生きるということでもある。未来は現在の積み重ねですからね。昔の人はそういうことをちゃんと心得ていた。山に木を植える時、大人たちはいつもこう言ってた。「おいどんがために植えるのじゃなか、わいどんがために植えとるとぞ」って。おまえたち子や孫のために植えているんだって。ただ誰に言うともなくそういうふうに言うんだけど、俺には言い聞かせられているような気がしてた。杉の木なんて、百年、二百年経たなきゃ使いものにならんでしょ。昔の人はそんな先のことまで見越していたんですね。

まだ親父が達者な頃、親父はよく俺の額に自分の額を突き合わせてはこすり合わせたもんです。そして、「うつれ、うつれ」と唱えていた。自分の魂を分けてくれようとしたんですね。種蒔きのような感じです。今こうしておけば、困った時に力になると思っていたんでしょう。親父とのこうした六年間の触れ合いがあったからこそ、俺は命びろいしたんだと思ってます。そういう魂ののりうつりは今の世では奇異なことに見えるかもしれませんが、かつては当たり前のことだったはず。インディアンの人たちも他の土着民の人たちも、みんな魂が代々のりうつっていったから生きてこれたんです。いくら迫害されても、受け継いだその魂の火を消さなかったために、営々と闘ってこれたんです。

過去と現在と未来とは、魂という次元ではひとつです。それは原住民も人が死ねば惜しみ悲しむだろうけれど、魂では死者とつながっているという確信が彼らにはある。自分というものの生と死を含めて、すべてが切り離しがたくつながっているんだと俺も思う。「教えよう」とか「伝えよう」とかとよく言われるけど、そんなのは意識のレベルのこと。それは所詮知識の問題です。しかし肝心なのは知識ではもうどうにもならないところに来た時、そのレベルを超えたものをどう伝承していくか、ということでしょう。

社会は囁きかけてくるんです。「もう終わってしまったんだよ。だから忘れてしまいなさい」、と。水俣病事件にしても、喉から手が出るほど「終わり」にしたがっているでしょ。密封してしまいたいんです。しかしそれをさせない、という闘いが必要だと俺は思う。こまんか穴でよかけん、キリで穴を開けてしまう。密封したつもりが、その穴のために空気が漏れて、中が腐って変化してくる。小さな小さな穴のために。魂を受け継いでゆく仕方というのは、こうしたものではないでしょうか。

少数民族とか、先住民族とかという人たちは社会の周辺に追いやられ迫害されて、数の上ではなくなってしまったかもしれない。しかしその存在の意味はますます重要です。それは火種として残っている。確かに、多数者はいよいよ強大に見えるし、システムは隅々にまで張り巡らされている。しかし、魂とか意志というのは数の問題じゃない。そこでは多数も少数も一対一で向かい合う。その意味で、「終わった」と言いたい社会の隅にあって、「火種はここにあっとぞ」と言っていきたいと思うんです。

何年か前、NHKの取材班が明水園（水俣病認定患者のための養護施設）に入っているおふくろを訪ねた時のことです。俺がそのちょっと前に東京に行ってたことを耳にしたんでしょう、おふくろは俺にこげん言いよったです。「わや東京にいたとったっちが、東京にイヲんおったんな」。俺は一瞬ギョッとして、なんとも答えようがなかった。やがて、「あげんところにイヲんおるもんかい」と苦しまぎれに言ってはみたけど、俺の心の内の動揺は隠しようがなかった。東京なんてもんにおふくろはなんの意味も感じていないんですね。屁とも思ってない。そこに息子が行くとすれば、イヲでも捕りにいったに違いない、と考える。自戒を込めて言うんですが、これは現代の日本人への痛烈な批判です。

「人んこつのなんのよか、わが鼻下ん蠅どん追え」というのがおふくろの昔からの口癖でした。これがおふくろの哲学です。例えば、選挙の前にしつこく投票を請われたりすると、こう言いよったもんです。「こんごらあ（この頃は）選挙んなんのっち、せからしか（うるさい）。むかしゃ、こげんたおなごにゃなかったっじゃばってん、今どきゃなしてこげんあっとじゃい」。そして俺が運動に没頭している時にはこんな小言を繰り返していた。

「イヲば捕って、カライモ作って、それを食って生きとれば、そいでよかったい」

こうしたおふくろの言葉が俺の心に響いてきたのも、一九八五年に狂い出してからのことです。それまでは田舎者の世間の狭さと意識の低さを絵に描いたような人だと思っていた。なにしろ、おふくろは生まれてこのかた、この土地を離れたことがたったの二回しかない。十八、九の頃、妹を訪ねて京都に行ったのと、俺が家出中に警察に捕まった時、面会に熊本まで来たのと、それだけ。とにかく忙しかったんですよ。おふくろは昔から働き者で、畑仕事や漁や家事に明け暮れてた。考える暇なんてないわけ。愚痴はこぼしても、社会が悪いとかという発想はないんですね。俺は逆にそういうことをさんざん考えてきた。でも、結論だけは同じところに辿り着いた。不思議ですね。

世間が狭いといえば、胎児性の水俣病患者の場合もそうです。甥の達純は小さい時に三か月ほど明水園にいたことがあるだけで、あとは家の中で暮らしてきたわけだから、目で見る世界としては確かに狭い。それに面倒をみる家族も大変ですよね。家はこの岬を回っ

女島の風景

た向こう側にある京泊《きょうどまり》です。母屋の横に建てた別棟で、料理を除いてほとんどのことはひとりでなんでもやって暮らしてます。食事は母親が運んでいる。最近はからだが重くなって、ひとりの介添えの力じゃどうにもならん。だけん外に出かけることがだんだん難しくなってきた。疲れやすいし、乗り物酔いもしやすいんで、船や車にも乗りたがらない。それでほとんど家から出んようになってます。せいぜい、縁側で日なたぼっこするくらいで。

達純は足の先が内側に彎曲してて立つことはできません。手も曲っているけど、比較的強い方の腕で上半身の重みを支えてなんとか身を起こして坐ることができる。学校にも行ったことがない。知り合いの先生が何年か通って基本的なことを教えてくれましたけど。書くことはもちろん、読むこともほとんどできない。人の言うことはわかるけど、喋る方は不自由です。しかし、人の心を読む能力というのはすごいものです。達純のすごさっていうのは、言葉より目と表情にあっとです。時々能面のような無表情になって、目だけが相手を鋭く睨《にら》みつけることがある。そこにはグイーンと相手の心を見通すような力がある。もちろん、いつもそういう表情だというわけじゃない。会話の中で、何かしら自分のアンテナにビビッと来る時だけです。その力に俺は怖れいるわけです。これは、かなわん、と思う。こちらの浮わついた言葉はすぐに見抜かれて通用せんのです。言葉以前のものを豊かにもっている達純を前にして、言葉に頼りすぎていてそれ以外の表現というものをもち得なくなっている自分が暴露されてしまう。怖いくらいです。

俺と達純には特別なつながりがあると思う。歳が近いもんで、叔父、甥というより、兄弟という感じです。達純も俺のことを「あんちゃん」と呼ぶ。俺の姉夫婦が達純を育てるのに大変な苦労をしているのを、俺はこまんか頃から見てましたからね。チッソを怨みました。そして子供心に、親父を殺し、達純とその家族をこういう目に会わせた奴らに復讐してやろう、と。達純のじいさんとばあさんが達純をかわいがって、そりゃもう目ん中に入れても痛くない。逆に達純がおるから、ふたりとも長生きした。最後まで達純の将来のことを心配して、俺にも「正人、頼むでのう、あとは頼むでのう」って。ばあさんの葬式の時には、俺が遺言を読んだんです。そしたらやっぱり「ばばは達純のことが気になって気になって、のちのちの世まで気になっとる」と。

自分の親やじいさん、ばあさんが俺のことを信頼してるのを感じとったというのもあるんでしょう、俺のことはずっと信頼してきたですよ、達純は。俺が水俣病のことでいろいろやっていることもよく知っている。そしてよくわかってくれてる。なんか自分のできない分まで俺がやってる、と思っているのかな。前に一度NHKがインタビューに来た時、こげん言うたですよ。日本の全部の空港に水俣病のこと伝える本ば置いてほしい、と。空港は外国への玄関口だから、そうすれば世界中の人に知ってもらえる、というわけです。水俣病のことを伝えるということには、そのくらい強い気持ちをもってる。だから、俺が隠さずにちゃんと言いたいことを言っている、そして自分の代わりに言ってくれてる、と感じているんだと思う。

最近はそれほど行かんのです、達純のところに。でも、俺が狂っていたあの頃にはしょっちゅう行ってました。それを意識してたわけではないが、達純に教えを乞いに行っていたんだと思う。当時達純だけが俺の死を予感していた。そして姉に言っていたそうです、「あんちゃんは危なか、死ぬかもしれん」と。

達純の一日はスケジュールが結構詰まっている。あいつに会いに行こうと思えば、予約をとっておく必要がある。例えば見ることになっているテレビ番組があって、その最中に人が訪ねてきたりすると、あいつにとっては大問題になるわけです。俺が来るとなると、必ず頼みごとをいくつか用意して待っている。音楽が好きですから、CDを注文してくれとか、テープを探してくれ、とかという頼みだったり、便利な生活用具を手に入れる相談だったり。そしていつでも、必要な金は自分で払うから、とつけ加えます。どんな頼みごとにも、いついつまでにという期限がちゃんとついている。しかしその期限が、半年とかと、かなり先のことが多い。もっと早く持ってこれると俺が言うと、「いや、そんなに急ぐ必要ないけん」て。ただ「家に帰ったら、忘れんよう、すぐ書いといてくれ」と何度も念を押すんです。

達純は自分自身の時間というものをもってる。社会がこしらえて人々に従わせている時間の観念に抵抗しているかのようです。自分のペースを守り、毎日を彼なりの予定に従って生きている限り、達純は長い間何かをジッと待ち続けることができる。俺は思うんです。信とは、待つ力のことではないか、と。いつかはわかってくれると信じてじっと待つ力。これこそ、俺が達純から学んだことです。

俺はまだまだですもん。時々、待ちきれん。情報時代といわれるこの御時世、我々はますますせっかちになって、もっと早くもっと多くの情報を求める。待つという能力が貧しくなっていくばかりです。「待つ」は、「松」に通じてるんですね。松の強さを見てください。ほとんど土もない岩場にも松は育つ。海の水に洗われ、強風に吹きまくられても、じっと辛抱している。

だから達純の世界は狭くても限りなく深いという気がする。「井の中の蛙《かわず》大海を知ら

甥の達純と

ず」というのがあるでしょ。実はあれには続きがあるそうです。「されど井の深さを知る」。叔父さんである俺に達純がどうこう言ってくるわけじゃないけど、あいつの存在自体が俺に問いかけ、教えている。俺にとって大きかです、あいつの存在は。屁理屈が通用せんのですね。思い知らされます。社会とか国家とかという枠をとっぱらってしまった時、自分は一体何者であり、何を拠りどころとして生きているのか、を。

その点では、おふくろの場合も同様です。このふるさとの自然を背景としたおふくろや達純の生き様が、俺に伝えてきたメッセージとは、つまり、国家なんてものは切ってうしててよか、あげんとなかったちゃよか、ということです。そんなもんなしに俺たち人間は生きてきたんだし、これからも生きていくんです。生きものとして、海や山や草木に向き合って。

ぬさり

水俣病事件について山んごていろいろ言われてきたとです。そして今も水俣病事件の教訓は何じゃとか、水俣病闘争の総括をどうするか、というようなことがよく言われます。だが、今さらそんなことをグジャグジャやる必要はないんじゃないか、と俺は思う。そもそも、俺は「教訓」なんて言葉は大嫌いです。教訓化できないほどに我々を打ちのめしたはずですよ、この事件は。教訓化というのはなまじっか「このものさしに収まりました」っていう話でしょ。そんなもんじゃなか。この事件を前にして我々のものさしなんか、もうとうに吹っ飛んでしもたはずじゃ。またぞろインチキのものさしをもち出すな、と言いたい。そんなもんは所詮人間の浅知恵しか測れません。

俺は最近思うんですが、水俣病事件には三つの特徴がある。この三つを指摘するだけで十分。他にはもう何も言う必要はないんじゃないか、という気がしています。

ひとつは、いわゆる「奇病騒ぎ」が起き、世間にパニックが起きてイヲが売れんようになっても、我々漁民たちはイヲを食い続けた、ということ。ふたつめに、最初の子や二番目の子が胎児性水俣病であっても、三番目、四番目を産み続け、育て続けたこと。授かるいのちはすべて受け続けたということ。そして三つめに、毒を食わされ、傷つけられ、殺され続けたけれども、こちらからは誰ひとり殺さなかった、ということ。水俣病事件について俺が自信をもって、誇りをもって言えることはこの三つだけです。

この三つはすべて、いのちに関わることです。ネコが次々と死に、鳥が死に、人が死んでいき、その原因として魚が疑われても、漁村の人々は魚を食べることをやめなかった。確かに量を減らしたという時期はあったかもしれない。魚を捕っても売れなかったし。しかし、それも長くは続かなかった。そりゃ他に食うものがなかったんだ、と思うかもしれん。そんなことはありません。俺んちだって田んぼも畑も山もあるし、銭がそれなりにあったから、どうしてもイヲ食わんば生きていけんわけじゃなかったけん。俺は思うんですよ、人間以外の生きものを疑う気持ちが漁師にはなかったんじゃないか。いのちというものを疑うということがなかったたち思う。だからこそ、そのいのちをいただくことへの感謝もまたゆるぎなくあった。エビスさんに、海の神さんにもらったという感謝の気持ち。

まあ、俺の場合はこの辺でも無類の魚好きだということもあるけど。俺にとって魚というのは、食べものの中でも別格なんです。魚を食わんと、自分が自分でなくなるような。食ってる時は無心にただひたすら食う。全幅の信頼とでもいうのかな。俺とイヲが一体なんです。俺がうまそうにむさぼり食うのを見てると、食欲がわいてくるち、姉たちが言いますもん。イヲの匂いも好きです。それは生きものの匂い、いのちの香りです。都会の人たちは石鹸とかシャンプーとかデオドラントとか消臭剤とか、いろんなものを使って匂いを消そうとしている。生きた魚の匂いも、死んだ魚の腐臭も、そこでは一緒くたです。俺なんか、石鹸は一生に一個で十分と思ってます。

生まれた子どももまた授かりものです。天から授かった子を畏敬の念とともに受けとり、育てる。俺自身の姉たちを含めて、胎児性水俣病の子を産んだ親が、もう子どもを産まんようにしたという話を、俺は聞いたことがない。最近は科学技術が進んで、出生前に胎児を診断して子どもを産むかどうか決められるようになった。そんな、いのちを選ぶなどという考えは俺たちの村々にはなかった。重症の胎児性水俣病の子どもを宝子として育てる。それが俺の故郷のやり方なんです。

いのちが授かりものである以上、死とは重大な出来事です。誕生と同様に手厚く扱われて当然です。かつて我々の共同体でも、誕生と死がデーンと中心にあった。このことと、水俣病事件の中で被害者の側が加害者の側の人をひとりも殺さなかった、ということは深い関係があると思う。そりゃ、チッソに腹の立たんわけがない。自分の子どもが〝片輪〟にされて、あんた、腹の立たん親がどこにおっとですか。親きょうだい殺されて。しかしブレーキがかかっていた。安全装置が働いておった。何千人と殺され続けたけど、こちらからは殺さない。正直言うと、「チッソに爆弾しかけてやろう」なんて思ったこともある。

俺なんか、この「殺さない」という伝統を破る寸前までいってたのかもしれない。でも踏みとどまって本当によかった。

この辺では「そいもこいも、あんた、ぬさりたい」という言い方をします。「ぬさり」、あるいは「のさり」は熊本の方言で、授かりものという意味です。それもこれも縁として、授かりものとして引き受けて生きていかねば……、という思いがそこに込められている。例えば、魚がたくさん捕れた時には、「今日はうんとイヲんぬさったもんで」などと言う。例えば、村で誰かが何かのことで危なっかしい状態になる。すると年上の人が自分の家に呼んで、「ま、焼酎どん飲め」とか言いながら、相手がクダ巻くのを聞いてあげる。そしてしまいにはいつも、「そいもこいも、ぬさりやがね。辛抱していかんば」とか、「引き受けていかんかい」といった言葉になる。さんざんクダ巻いた方も、そう言われると反論の余地がない。そして不思議にスーッとした気分になって引き揚げていくんです。そして日常の生活に戻っていく。

もうひとつ、「ごたがい」というのがあります。「ごたがいやがね」と言えば、お互い様じゃないか、ということ。しかし、それは人間同士の間で互いに依存し合い、助け合って生きているということだけを意味するわけじゃない。動物や植物とも「ごたがい」の間柄です。「ごたがい」には、海も山も何もかも含まれとっとですよ。我々人間は「ごたがい」の環の中にあって、そのお陰で生きている。「和解」とか「補償」なんて、所詮人間の世の中にだけ通用する浅知恵にすぎない。死んでいった魚や鳥や猫はどげんするのか。圧金で済ませるわけにはいかんでしょ。消えてしまった藻場《もば》は、原生林はどうするのか。圧力かけて「和解」を押しつけるわけにもいかんでしょうが。キリキリと舞って死んでいった魚の無念というものをどぎゃんすっとか。俺はずっとそのことを考えていきたい。

「ぬさり」とか「ごたがい」という言葉には、いのちというものが我々人間の領分を超えたところで展開しているということに対する畏敬の念が、またそれを前にして謙虚にひれ伏し、祈る心が込められていると思うんです。「ぬさり」としての生命。「ごたがい」としての生命。いのちの環の中の自分。だからいのちを選ばない。その点で、今挙げた水俣病事件の三つの特徴——つまり、イヲを食い続けた、子どもを産み続けた、人を殺さなかったという三つ——は見事につながっているわけです。で、それさえ言えば、よかっじゃなかろうかな、と最近思うとっとです。これだけで近代文明というものにしっかり対峙できる。人権とか、補償とかという、外からもち込まれた観念をもち出すまでもない。裁判なんかに勝たなくたって、すでに初めから、勝っとるんです。

まだ生きとったばい

昔は「自然」なんていう言葉は使いませんでした。それを聞くようになったのはここ二十年ばかしのこと。必要がなかったんですね。それだけ自然に浸かった生活をしていたから。海も山も生きものとして見ていた。そして怖れてもいた。「海の塩は辛かぞ」と親父によく言われました。海や川に人が落ちると、「がらっぱ（河童）に引き込まれた」なんて言いよったし、山には、狸や狐に騙される話がつきものだった。こんなふうにして昔の人は自然の厳しさを強調してきた。そしてその一方では、限りない親近感を感じてもいたんです。

大島さんっていう将棋させたら一日中しているような人がいるんだけど、三十年ぐらい前、この人のうちに亀がやって来た。そこで酒ば飲ませて海に帰したんです。そうしたら三年間、続けてきた。そしてその間、彼は実にたくさんイヲを捕ったんです。亀も恩義を感じることがあるんだなあって、この辺じゃ、有名な話なんですよ。

潮の満ち引きは春夏秋冬同じじゃなくて、あるリズムで変化しています。俺の場合、自分がそのリズムにのっている時は、比較的読みも当たるし、漁もうまくいくんです。ところが、他の用事で出かけることが三、四日続いたりすると全くダメ。勘が狂っちゃう。そして勘をとり戻すのにはその倍以上の時間がかかる。潮の満ち引きは漁をする上で重要だというだけじゃなくて、人生そのものにも関わっています。人は満ち潮の時生まれ、引き潮の時死ぬ。たいていそうです。女の人の生理も関係あるらしいです。なんでも、月の引力と人間の体内水分との関係だとか。そういえばおふくろは、旧暦の方がよかったのになんで新暦にしたのかって、昔から文句を言ってた。旧暦は潮の満ち引きに沿ってますからね。

俺が海はいいなあと思うのは、イヲばたくさん捕った時。でも、あんまり捕れると、かえって怖ろしゅうなる。イヲば捕るっていうことはいのちを奪るっていうことでしょ。だから、あんまりたくさん網にかかると、こっちのいのちまで奪られる気がしてくるんです。これは俺だけじゃなくて、他の者もそげん言う。特に、夜の漁の時は怖いですね。明くる朝目が覚めると、「まだ生きとったばい」って思う。実際、何年かに一度は、たくさんイヲば捕った船が帰ってこなかったなんてことがあるから、余計、真実味があるんです。

こういう感覚は、きっと必要以上捕ることに対する自然界の歯止めであり、戒めなんだろうな。なにせ、相手が生きものですからね。タイとかの高級魚は活きのよさを保つために、捕るとすぐ血を出すんですが、この時にはいつも「すまんな」という気持ちになる。魚には血がないなんて思っている人も世間にはいるらしいけど、実際は人間と変わらないような血が出ますからね。

漁をしている時の海は戦場。でも、海は美しいなあ、と思うこともある。吸い込まれそうというか、一体になりたくなるんです。夕日や朝日の時、べた凪の時、春の若葉がバーッと一斉に出てきた時など、ほれぼれしてしまう。俺だけなのかなあ。漁師仲間とはそういう話をしたことがないから。だって「あの海の情景は美しか」なんて言ったら気が触れたとしか思われないですもん。もしかしたらみんなも心の中で俺と同じように感じているのかもしれませんがね。

しかしそれにしても、今の海は昔の海とはあまりにも違う。まず透明度が全然違います。昔は十メートルも下のナマコを突いたりしたもんだけども、今はへたすれば一、二メートルでも見えないことがある。海が濁ってきた原因で一番大きいのは、陸上からいろんなものが流れ出たこと。ミカン山の開墾が始まってから、雨が降ると土砂が海に流れ込むようになった。土木工事も盛んに行われるようになったから、そこからも土砂が入る。俺たちが子どもの頃、深さ十メートルあったようなところも、土砂で埋まって二、三メートルしかなくなってる。枝サンゴも壊滅状態です。

その上、農薬も流れ出た。干潟に群生していたアマモは、農薬で根がやられた上、土砂に埋まって消えてしまった。二十年ほど前からは養殖が始まって、その残餌も流れ出た。こういう複合的な理由で海は汚れていったんです。イルカはもちろん、クジラまでよく来ていた海なんですよ。

それは風景のよかところでした。都会から遊びにくる人たちはこんないいところがまだ日本にあったなんて喜んでくれますが、昔の風景といったら今からは想像もできない。山にはクスノキやコジノキやマツやアコウの原生林が生い茂っていた。干潟には、アマモが青々とした草原のように広がっていた。それを藻場《もば》と呼ぶんですが、そこは生きものの宝庫——一メートル四方の中にそれこそ何万、何十万という生物が生きていたんです。アジやタイの稚魚、イカ、エビ——そういうのがアマモの中にいっぱいおった。今思えば夢んごたる話ばってん。裸足で歩けば、でかいカニがたくさんおって足の下をうろうろしとった。カニ捕りの網を張るとあげきらんぐらいかかってきたし、貝もいくらでも捕れよった。貝やカニを捕るのは、女子どもの仕事。タコは男たちも捕ってたけど、それも浅瀬を百八十度見回すと、あそこにもおる、ここにもおるという感じで。もちろん、自分たちが

タチウオ漁

食う分しか捕らんですが。

そげん豊かな海だったとです。不知火海の中と外海とじゃ、魚の味が全然違うと言われていた。内海のタチウオを一度食ったら、外海のもんは食えんとみな言いよったもん。今は干潟なんて跡形もない。そこいら中、コンクリートと埋立地です。当然漁獲量も格段に少なくなってしまった。嘆かわしか。進歩とか文明とかいうものと引き換えに失ったものの大きさを思うたびに呆然とします。

ふるさとの村

この村の昔のありよう、そして人々の姿というのは俺の記憶の中に住みついています。そしてそのイメージが、十年前に狂った頃から、いよいよ重要なものとして俺のうちに生き始めたんです。それは諭《さと》されるという感じでした。これがおまえの還りゆく先だよ、と。とはいえ、三、四十年前にただ還ればいいというわけじゃない。昔には昔のいい面もたくさんあったけど、社会制度として保守的にすぎる悪い面もある。だから、理想化することはできない。ただ、昔の村人たちの生活の根元にあった深い知恵をとり戻し、今に生かすことができたらなあと思っているんです。俺は辛うじてそれに触れることのできた世代だから。

　また、いくら汚染や破壊の波をかぶってきたとはいえ、不知火の海と背後の山々は今もそこにあって俺たちを包み、育んでくれている。狂いを通して、この世界にこそ生きるんだ、と思い至ったんです。国家なんていらない。人間に値段をつけ、計量化するシステムもいらない。海や山に連なるいのちとして生きよう。近代文明に滅ぼされた人々の魂との出会いもここでなら可能だって。この俺たちのふるさとには人が人として生きていくためのヒントが、まだまだあっとです。

　冬から春の彼岸にかけて、この時期は海も山も賑わいを見せる時期です。海ではワカメやヒジキを採り、カキを打ち、そしてもうちょっと暖かくなるとタコを捕る。山ではワラビやツワブキ、ゼンマイなんかが出てくる。この辺では山菜は自分たちで食べるだけ採ってきて、売るということはしていなかった。

　春になれば海にはシロコやイワシが出てくる。そして夏にはもっと太かイワシが。秋になるとまた再びシロコが捕れるようになります。秋の夜長って言いますけど、漁に出ると、一晩中あんば（網）やってる。それも、昔は全部手作業です。俺も少し憶えてるけど、手漕ぎの舟でローラーなんてものはなかったですから。舟の上にろくろが載せてあってそれで網を引き上げてました。

浜辺に戻ると、隣近所に「だしとりに来んかい」って声をかける。村には、親父さんが亡くなってて年寄りしかいないとかで、漁をしてない家もあるでしょう。そういう家にもちゃんと分けてくれよったもんです。外へ稼ぎに出てる人も、そういう分け前を受けとりに浜へ来てた。俺たちはそういう人たちを「めてい」と呼んでいた。子どもでも、あんば引き上げる時に来て手伝う者には、ちゃんと分け前をやった。必要な分はちゃんとよけてあるんだけど、それ以外の小さい魚なんかは自由に捕らせてやってたんです。とにかく手ぶらじゃ帰さんかったですもんね。そんなふうだから、隣近所が今日何を食っとるかみんなわかっとるわけ。

もちろん、こっちがやるばかりじゃなくて、漁師の方がカライモとか野菜とかをもらうということもあるわけです。そんなやりとりがそれこそ毎日でした。それは、相手がくれるから自分もあげるということでは必ずしもないんですよ。働き手のいない家では、もらうばかりで与えることができないわけだけど、それでも別にどうということはなかった。

もちろん、もらう側に感謝の気持ちがあったからということもあるでしょ。でもどちらかというと、与える方でも、自分の力でイヲを捕ったというのでなく、エビスさんのお陰で捕らせてもらったという気持ちが強かったんです。それをお裾分けしただけのこと。だから、誰も恩着せがましいことは言わんかった。

個人的な好き嫌いはあるから喧嘩だってしょっちゅうあったけど、翌日になればケロッとしてる。みんなそんな感じでした。協力しなければ生きていけないんだから。ほら、よく都会に住んでる知識人なんかが「自立」とかって言うでしょ。この辺でそんなこと言ったら、「おまえ馬鹿じゃなかか」って笑われます。「わいがひとりでなんばしきるか」、「おてんとう様や人様の世話にならずに何ができるか」、ということです。例えば、誰かが家を建てると言う。そうすると、みんなで山に入っていって木を切り出して製材所に持っていく。そしてそこで板や柱にして、またみんなで運んできて家を建てる。瓦にしろ壁にしろ、自分たちで全部造ったから、今の何倍も手間がかかってた。とてもみんなの手を借りなければできないことです。

昔は家を建てる時でも賑やかでした。棟上げ式は特にね。「よいしょ」というかけ声でみんなで縄を引いて棟木を上げる。すると、誰からともなく即興の歌が出てきて、場が盛り上がり始める。やがて、村人がみんな仮装して出てきて、村の中を踊りながら練り歩く。それがまた、この上なく楽しい。歌や三味線といえば出番、という人たちがまたおって、その人たちが中心になって即興で演じるんです。これを昔から「にわか」といって、「肥後にわか」という劇団もあるほどです。

こういう時のおなごの賑わい方っていったら！　男たちが賑わいよるのは最初から限界がみえているようなもんだけど、おなごはそれを超えよるもんなあ。色気の点でも、あっと驚くようなことをやる。昔から酔う場では色気はつきものだったんです。しかも、男は飲まなきゃできないけど、女は飲まなくても雰囲気に酔ってやる。普段抑えられているものが爆発するんでしょう。歌って踊ってというのは魂の爆発ですもんね。一年に何回かはそれをせずにはいられないんですよ。だから普段の生活では目立たないような、歌のうまい人、三味線のうまい人、踊りの上手な人たちが、ここぞとばかりに出てくるんです。ああ、なんか、思い出すだけで楽しいなあ。

おそらく、かつてはどこの村でもこういう光景があったんじゃないかな。残念なことに、今ではそういう賑わいの場はほとんどない。でも、こういうのをなんとか再現させてみたいとずっと思ってました。それで、公民館を建てた時、俺が中心になって棟上げ式から仮装行列までひと通りやってみたんです。棟上げの時には区長に出だしを歌ってもらって、みんながそれに続けるようにした。仮装行列は小学校に協力してもらってやりました。俺たちが始めれば、きっと飛び入りが入ってきて盛り上げてくれるんじゃないかと期待していたんですが、いざ始めてみると案の定、その辺で見ていたおばさんとかが踊りの輪に加わってくる。「ここが出番ぞ」というタイプの人は、うずうずしてるんですよね。やっぱりあれはやってみてよかったなあ。

他にも、冠婚葬祭や舟下ろしの時には村人の多くがそれに関わっていた。そういうことが一年中、村のあちこちであったわけです。そのせいでしょうか、生活全体が生き生きとしていた。目には輝きがあったし、笑顔も今の笑顔とは違っていました。昔の写真を見ると男も女もいい顔をしてる。一度フィリピンに旅行したことがあるんだけど、昔の俺の村の人たちと同じ笑顔を見ることができて懐かしかった。

この村じゃ、通りかかった人を飯に誘わんということはなかった。昔の人はよく、「げんぞうどんしようもんな」と言ってた。どういう字を書くのかわからないけど、「げんぞう」というのは、会話のこと。まあ、ちょっと寄って、昔の話でもしていってくださいというようなことです。特に久し振りに会った人などには、ぜひ寄って食事して酒飲んでいくようにとしきりに誘っていました。お客が来れば飯でもなんでもたくさん用意して、精一杯もてなそうとする。そういうところはこの村にもまだ残っていて、自慢できるところです。

あの頃は開放的だったなあ、何もかも。家には鍵なんてなくて一年中開けっ放し。夫婦げんかも全部聞こえるような状態だったから、どこのうちで何が起こっているかっていうのはみんな知ってた。夫婦げんかは男が一方的というんじゃなくて、女も鍋や釜をバンバン投げつける。そういうのはしょっちゅう見かけました。でも誰も止めに入らない。「南風《はえん》と夫婦《めおと》げんかは日の入ればやむ」という文句が生きてました。まあそんなふうに、ちょっとしたいがみ合いがそこここにあっても、共同体としてはまとまっていたんです。俺はあの頃の村のありようをふりかえってみて、それは機能としての共同体というより、「魂の共同体」とでも言うべきものだったなと思うんです。それが時代の流れの中で、システム社会やそこから流れてくる情報に浸食されていったわけです。

もやい直し

昔はテレビもなければ道路もない。陸《おか》からの情報は少ない。それでは閉鎖的な共同体かというと、決してそうではない。共通の海を抱き、それに向き合うことで、他の共同体とつながっていたんです。

学校制度も昔の共同体のあり方を壊したもののひとつだと俺は考えてます。しかし当時は大人たちもそこまでは考えていなかったでしょう。親にとって、学校っていうのは子どもの遊び場だったんです。俺たちはよく学校サボって山の方に行ってたんだけど、何度もやるもんだから、先生も気づいて連れ戻しに来る。で、家に帰ると叱られるんです。その時のおふくろのセリフがいい。

「また学校サボって。わいが学校行かんと先生が心配するじゃなかか！」

つまり親は、子どもが学校に行かないで困るのは、その子どもでも親でもなく、先生だと思っている。ある意味じゃ、痛烈な学校批判ですよね。こんなふうに村では誰も学校が大事だとは思ってなかったんです。親は、他人に迷惑さえかけなければ、自分の子がどう生きていってもいいと思ってたんでしょう。勉強しろって言葉は親から聞いたことないもんねえ。今とは大違いでしょ。

昔に比べて今の方がよくなったって言う人はこの辺にはいません。みんな昔の方がよかったと言っている。主義主張などと違って、暮らしっていうのはみんな一緒の体験でしょ。だから、思想的な違いのある人とでも話せる共通の話題なんです。そうは言っても、昔はよかったと言いながら、実際にはみんな、今の便利な生活に浸かってしまっています。でも、どっぷりと浸かっているようでありながら、どこか別の次元で昔のよさをちゃんと記憶し評価しているということでしょう。

共同体にはもともと、外向けの顔と内向けの顔があったんだと思うんです。学校に対する村人の態度がよい例です。寺に対する態度もそうです。この辺は西本願寺系が多いんですが、住民の方ではこれを葬式仏教と割り切っている。つまり、死んだ時からしか世話にならんものだと。向こうでも、生きて病んでいる者には何一つしない。水俣病の四十年間、知らん顔してきたのだからすごい。それでも住民は逆らいはしない。以前は特に寺を大事にしとったそうです。しかし、じゃあそこに信を置いているかというと、そうではない。子どもがイヤイヤ授業を聞いてるようなもんでしょうか。仏教の他にエビスさんや山の神さんがあって、日常生活ではこちらの方がずっと大事です。そして、いろんなものが積もり重なってできた層の一番下に、ちゃんと魂を置いている。

このように見ると、共同体の崩壊というのは、内と外というふたつの顔が混ざっていったこと、あるいは、ふたつの顔を使い分ける力を失っていったということなんだと思う。外の世界の物や情報がひとつまたひとつと入ってくるのと同時に、共同体からも何かがひとつずつ出ていった、そんな感じでしょうか。我々も〝文化人〟の仲間入りをしていったというわけです。

しかし今でも時々、共同体的なものがまだ残ってるって感じることはあります。ある時、NHKが取材に来た。取材が終わったあと、公民館で彼らを招いて焼き肉パーティをやったんです。村の人たちも集まってみんなで飲んだ。ところがふと気がつくとNHKの人たちが誰もいなくなってる。俺たちはまだ席にいるのにですよ。酔っぱらっちゃったのか、車に戻っていたんです。それで、俺は怒ってねえ。主催者がお開きとも言っていないのに勝手に帰るとは何事だって。その時、村のみんなが一生懸命、俺を止めたんです。NHKの連中のことを悪く言う奴は誰もおらんわけ。それで、俺、こうやって俺を引き止めてくれる力、それが共同体なんじゃないかなって思った。たぶん、彼らも口には出さないけど、俺の気持ちはよくわかってたはずなんです。でも、所詮相手は外の世界の人。だから、そういう内側のマナーみたいなことにこだわらないで気持ちよく帰してやろうと考えている。こういうところに、内と外を別に見る共同体の名残を感じたんです。

共同体の暮らしぶりを知らない若い人たちにとって、還るべき道を見つけてそこへ進んでいくというのは難しいことかもしれない。でも、彼らにも還るところがあるんだということは伝えていきたいと思う。確かに、共同体も一種のシステムです。例えそれが小さな村の共同体であっても。でも、俺の言う魂の共同体は、国家共同体のような巨大な大きさと複雑さをもつものとは違って、もっと身近な生活の中にあります。海から魚を捕ってきて食べるといった単純ないのちの営みを根底に置いた、循環のシステムなんです。

魂の共同体の中っていうのは雑多煮です。それは昔の村や俺んちがそうだったのと同じことです。一人ひとり、顔つき、体つきも違うし、性格も違う。障害者もいる。まるで団子汁《だごじる》のごたる。でも、それぞれに役割があって、いなくていい人なんて誰もいない。そういう状況では差別など起こらんですよ。違いを認め合うこと、それが、裏を返せば対等ということになるんですから。

「舫《もや》い」という言葉があって、俺はそれをとても大事に思っているんです。都会ではあんまり聞く機会はないでしょうから、この言葉について少し説明してみましょう。「もやい」とは本来、舟と舟、あるいは、舟と杭をつなぐことを意味する言葉です。例えばイワシ漁では、同じ型の二艘の舟を網で結びつけてイワシをとりますが、その網のことをもやい網、舟のことをもやい舟と呼びます。また漁の最中に嵐にあうと、他の舟とつなぎ合わさって港に避難しなければならんのですが、こういうのも、「もやう」と言う。この時の相手は知っている舟とは限らず、見知らぬ舟——例えば、天草の方からきた舟というのもよくあることです。避難しながら、漁師たちはお互いの村の話や漁の調子なんかを話したりするんだけど、実はこれが漁師たちにとって重要な情報交換の場になっているんです。時には嵐でなくとも三、四艘が舫って、いろいろな情報を交換することもあり、どういう潮の時はどこに魚がおるか、また自分の動きが他の者の邪魔になっていないか、といったことを確かめる絶好の機会になるわけです。

　こんなふうに「もやい」というのは、もともとは漁で使われる言葉です。しかし、普段の生活の中でもこの言葉が使われることは多い。例えば、「今日はお寺に行くから、もよって行こうもんな」というふうに。一緒に行くとか、連れて行くということです。ちなみに、往きに一緒に行くということは、帰りも連れて帰ってくれるということ。そう

「もやい」の場面

いうことを含めて、「もやう」と言うんです。二、三人でというよりも大勢でもやうことの方が多いですね。今でもこの辺では、寺に行くとか、公民館に行くとかという時には、隣近所に声かけて、一緒に行こうよと誘います。

「もやい」は、今の俺たちにとって、とても重要な意味をもっていると思う。昭和三十年（一九五五年）以降、高度な近代文明が入ってくると、我々はこれにそそのかされ、またすすんでその中に飛び込みもした。俺にとってもまさに流転の三十年間だった。そしてやっと七転び八起きで起き上がって、今、還るべきところへ還っていこうとしている。でも、還るのには誰にだってかなりの勇気が必要です。ひとりではあまりに心細い。しかしもし、みんなに「もよって還ろう」というふうに声をかけることができたら、きっとものすごく還りやすくなると思うんです。「こん人もおる」、「あん人にも声かけた」と思えば、ずっと楽な気持ちになれるでしょう。これは言うなれば「もやい直し」です。今は確かにもやいがつくりにくく、また壊れやすい時代。そうであればこそ、うすまり、弱まりつつある「もやい」をもう一度つくり直し、強固にして、過去の価値あるものを再生していきたい。だから俺は言うんです。「還ろい、もよって還るばい」、と。

絶望の淵から

地球の危機、人類の危機ということが盛んに言われていますよね。人口爆発や環境汚染や核拡散の問題は確かに危機としか言えないような状況です。俺のようにこんな田舎に暮らしていても、その深刻さはすでに身近に感じられる。水、空気、土の汚染、ゴミの問題、薬害、食品公害。これじゃ、あの汚染と公害で有名になった「水俣」が、日本中、いや世界中の隅々まで拡散しちゃったみたいじゃないですか。そういうことが起こっていると知っているからこそ人々は「危機」と言うわけだけれども、果たして、みんな本気でそう思っているのだろうか。俺には、まだまだ楽観しているように見える。破滅が近づいていると本当に実感していれば、誰も残された時間を家族から離れて過ごしたりはしないはずです。また危機感がおのれの全存在を揺さぶるところにまで来ていたら、神にひれ伏す姿がそこいら中で見られるはずでしょ。人類が本当に滅びる時には、誰しもが祈りを捧げずにはいられないものだと思うんです。

救いのなさにうたれ、ひれ伏し、祈る。しかし逆に、救いとはそうした絶望の淵に芽生えるものじゃなかろうか。ところが、現在の多くの市民運動や環境運動を見ていると、危機的な状況だとしきりに叫びながらも、一方では、今からやればまだなんとかなるという希望を述べたてている。水に溺れる時のことを考えてください。あがいてあがいていろんなものを抱え込もうとすればするほど、沈んでいく。最後にもうどうにもならんと、すべてを手放す。するとポカーッと浮かぶんです。人間の救いというもんは、そうしたどうしようもないところでの逆転という形をとるしかないんじゃなかろうか。俺はそげん思うてます。

近代文明を他人事のように言葉であれこれ批評するのは難しいことじゃない。しかしよくよく考えてみれば、近代文明というのはおのれ自身なんですね。自分を省みれば、少なくとも近代科学によってもたらされた恩恵や、「文明の利器」の便利さ、快適さについては、認めたくなくても認めざるを得ないでしょう。そういうおのれについて自白するところから始めるしかない、と思うんです。地球の危機というけど、本当に危機的なのは、他の生きものとの加減がわからんようになってきている自分自身なんです。俺が狂った時に一番びっくりしたのは、近代化している自分だったな。冷蔵庫、ティッシュペーパー、車、扇風機に取り囲まれている自分。いわばチッソをおのれの中に見出して怖れおののいたわけです。

狂って以降、俺、自分のことを泥棒と思ってるんです。イヲを捕る泥棒。以前はれっきとした「漁業」と思っていたばってんが。社会という枠の内では漁業でいいんだけど、その外に出ると泥棒。いっぺんこの枠自体を疑ってみる必要がある。枠をとっぱらったところでは、みんな多かれ少なかれ泥棒じゃないですか。スーパーで買えばそれで合法、といってすむ問題じゃない。スーパーなんていうなれば、泥棒たちの分配センターで、銭はそこの通行証みたいなものでしょ。我々はそこから持ちきれないくらい、冷蔵庫に入りきらずに腐らすくらい、いっぱいものをさげてきて、涼しい顔で金は払いました、と言ってる。

我々の住むこの泥棒社会では、明らかに無実なのはまだ生まれていない者とすでに亡くなった者だけなんです。オギャアと生まれた瞬間に罪をもってしまう。この罪の意識をしっかりもっていたのが、原住民と呼ばれる人々だったと俺は思うんです。自分たちが泥棒だという自覚が彼らを祈りへ、祭りへと向かわせたんだって。ヤクザふうに言えば、泥棒には泥棒の仁義の切り方っていうものがあっていい。俺が水俣の埋立地を祈りの場にしようと言うのはそういうことなんです。

最近、「環境主義」という風潮が世の中にはびこっている。そしてそれが我々現代人をフワッと包み込もうとしている。環境主義というのは、直接には環境の名のもとにさまざまな規則を定めたり、限度を決めたり、禁止したり、強制したりすることですが、要するにこれまでのやり方を手直しすることで、噴出している問題をなんとか抑え込もうとしてます。みなさんご存知のように、なんにでも「環境」とか「グリーン」とか「エコ」とかがくっつくようになっている。ここには実は大きな落とし穴があるのではないか、と俺は思っています。運動と呼ばれるものはみな、その落とし穴へと吸い込まれていく危険を抱えているように見えます。

ついでに言っておけば、「ヒューマニズム」とか「人権」という言葉にも危うさを感じます。ヒューマニズムとは何か。それは多くの場合、人間こそが自然を支配して当たり前という人間中心主義のことでしょう。男性のもつ権利に対して女性の権利、多数者のもつ権利に対して少数者の権利というのはまだわかるけど、「人権」とは何に対する人間の権利なのか。そもそも「権利」とは何か。前にも言ったように、「権利」は、「利権」の裏返しにすぎないんじゃないかかな。

昨今の環境運動で、ゴミの分別とか、リサイクルとか、エコツーリズムとか、代替エネルギーとかが盛んになっている。俺はそうした個々の試みは悪いことではないと思う。しかしそれでもなお、こうした運動に危うさを感じてしまう。根本に眼差しを向けることを避けて、表面的な手直しですませようとする、一種のごまかしがあると思うんです。またそこには、生命や自然を技術的な問題として扱う態度が共通しているような気がする。自然環境を人間の思うままに管理し、操作して生き得るものだという思い込みが、貫いているのではないか。だからこそいのちの問題が、いつのまにか「何ピコグラムか」、「何PPMか」という問題にすり替えられていく。生命や自然を技術的な問題としてしか扱えないということは、心のあり方としては、例えば遺伝子操作などによって生命を管理・操作できると考えることにもつながっていると思います。

脳死＝臓器移植、クローン技術、遺伝子組み換え、出生前診断、どの分野にも我々の文化、社会は有効な歯止めを見いだせないでいる。それを尻目に、「生命を選ぶ」優生思想が一人歩きしている。人間がいつのまにか神や仏に代わって、誰が生きるべきで、誰が死ぬべきかを決めている。人工生命体を目指している。畏れ多いことです。しかし、人間はおしまいまで突き進むつもりでいるらしい。

こんな時代に、俺は、いのちを神聖なものとして崇《あが》め、いのちを選ぶことを拒み続けた不知火海の漁民たちの思想を手がかりにして生きていこうと思う。そういう思想を育んできた故郷の共同体に生きていこうと思う。それはただ、モノとしてそこにある共同体じゃなかですよ。魂の共同体です。そこへと還る、もよって還る場所です。

そういう俺の呼びかけに対して、「還るところのある人はよかね」という反応がありま す。まだまだ豊かな自然の残された村に暮らせるあんたはいいだろう、しかし他に行く場所もなく灰色の都会に暮らす者たちはどうなるのか、というわけです。還るところがないというのは、しかし、本当だろうか。

思えば水俣というのは逆説的な場所です。一方でそれはいのちが壊され続けたところ。これはみんな知ってる。それは事実。でもこの事実の裏面を忘れてる人が多い。生き残ったいのちもあるんです。水俣というのは、いのちが生き続け、育まれ続けた場所でもあるんです。いのちが破壊され続けたからこそ、いのちの意味がそれだけ深く探られた場所でもある。昔は石牟礼道子さんの「苦海浄土」という言葉の意味がよくわからんでいたけど、歳をとるにつれて、だんだんわかるようになってきた。いのちが苦しんだ海は、同時にいのちが尊ばれ、救われる浄土でもあるんだと。

森の中を歩いていると時々、ゴミが捨てられて山のようになっているのに出会う。電化製品などの粗大ゴミが捨ててある。ゴミ捨て場というのは人間というものの本性をよく表わしていると思うんです。想像してみてください。誰か最初にここにゴミを捨て始めた奴がいるんです。例えばこいつは車でわざわざ古い冷蔵庫を人目をしのんで運んできて、ここに捨てた。こんなふうに最初にゴミを捨てるのにはある種の勇気がいる。蛮勇とでもいいましょうか。すると二番目の奴がやってきて捨てる。そして三番目が続く。新しい奴が来るたびに、道徳的なハードルが低くなっていく。そしてしまいにはハードルそのものがなくなって、もう人々はゴミを捨てても何も感じない。

俺は思う。最初にゴミが捨てられる以前の状態というのが一方にある。他方にゴミだらけになった状態というのがある。このふたつの極の間に人間の本性が地層のように露《あらわ》になっている。この地球にも、まだ手つかずのままの原生林がわずかに残っているところもあれば、東京のように自然が跡形もなく壊されてしまったような場所もある。実はこの両方にいのちの意味を深く問うものがあるのではないか。俺なんか、たまに大都会に行くたびに心打たれますもん。徹底したいのちの破壊。人間の罪深さといいますか。水俣もいのちを破壊され続けた場所です。しかし、そこにこそ育まれた、いのちの思想というものもまたある。

我々一人ひとりの内に、古代からずっと続いている記憶の層がある、と俺は思っている。それは断崖に現れた地層みたいに幾重にも重なっている。我々は誰もみな、いわば縄文や弥生を引きずっている。伝統社会では、みんながこの内なる連なりのことを意識できるようなしくみをもっていたらしい。ところが近代的な社会では、うわっぺらの層しか意識できんようになってる。そして、深い地層から切り離されて、ますます表層に収斂《しゅうれん》されようとしている。だからだと思うんです。「還ろう」という呼びかけに、「どこにも還る場所はない」という反応しかできんというのは。

還るところがない、というのは表層でやっていくしかしようがない、と言ってるようなもんです。でも本当にそれしかしようがないんだろうか。俺は魂の地殻変動というものがあると思っているんです。大地に地震や火山の噴火があるように。それだけが現実で、真実だと信じ込んでいたものが、実はほんの表層にすぎなかったとわかる時が来ると思うんです。海底が陸となり、陸が海底となることだってあるんですから。

神の降り立つところ

俺は村の年寄りの話を聞くのが好きです。好きというより、どうしても聞いておかねば、という気持ちで聞く。例えば、現在の沖の区長にこの村の成り立ちを根掘り葉掘り聞く。そうすると、俺の年代でそういうことを聞くものはおらんと驚いている。区長は苦労してきた人だから、もう答えが胸いっぱいに詰まっていて、何から話せばいいかわからんという感じです。普通は話してやっても、どうせ昔話だと片づけられてしまうんでしょう。でも俺は真剣に聞くから、向こうも喜んでくれるんです。俺、歳を重ねるに連れて、年寄りの経験がどんなに大切かということがわかってきた。話を聞くと、どんなふうに昔の人が魂を遊ばせていたかが想像できて、目が覚める気がしますもん。年寄りの経験に学ぶこと。若い人にとって学校の勉強なんかより、こっちの方がずっとずっと大事なんですがね。

わずかな年寄りたちが憶えているそうした世界——親父という人を通して俺が辛うじて垣間見ることのできた世界——が、もしこの地域に今なおそのまま残っていたら、すごいことになってたでしょうね。もちろん実際にはあり得んことだけど、仮にそれが可能であったとしたら、今頃、世界中の学者が集まってきていたんじゃないですか。アマゾンかどこかの原住民みたいなものです。水俣病事件というのが起こったのは、そういうところだったんです。このことを俺は肝に銘じておきたい。縁という言葉はいい意味にも悪い意味にも使いますが、これも一種の縁です。

俺は、この土地が選ばれたんだとさえ思っている。命《いのち》というのは「めい」とも読むでしょ。それは使命の命であり、命令の命です。たまたま、なんてそんな軽いもんじゃない。選ばれたんです。

不知火海の「不知火」というのは一年に一日だけ海の上に現れる火のようなものです。どこまで追いかけていっても、どこにあるかは特定できない。だから、不知火というんでしょうね。研究者は、海の潮と空気の流れによる屈折現象で、漁り火とかが光源になっているんじゃないかと言ってるけど、科学的な説明だけではなかなか納得しがたい。実に不思議で神々しいものです。最近は、周りの明かりが増えてるからか、昔ほど鮮やかでなくなってるけど。

水俣病がこういう土地で起こったということは、偶然にしてはできすぎている。むしろ、不知火海の中心に近いところに位置している水俣という土地が選ばれたんじゃないか、と俺は思ってみるんです。航空写真で見ると、水俣の埋立地はタツノオトシゴの形をしてる。つまりね、これは文明の落とし子なんです。日本のどこでもよかったというのは違う。明治時代の後半にチッソが水俣に狙いをつけてやって来たというのにも、深い意味があるはずです。

昔の人は、じいさんやばあさんが亡くなった家ですぐに赤子が生まれてくると、魂が入れ替わったんだ、と言ったもんです。親よりじいさん、ばあさんに似とるという言い方もよくした。人は死んでも魂は……という感覚は俺たちの中にごく普通にありました。盆には亡くなった人たちが「帰ってきなったぞ」と聞かされ、大きい提灯をさげて戸を開けて仏さんを迎え入れた。村に死に人が出た時には、村人が総出で懸命に葬儀を担い、老若男女みんなで涙とともに浄土へ見送ったもんです。そういうところに流れている感じ方や考え方は大事だと思うんです。人が生まれてくることさえ単なる偶然で片づけられてしまうなんて、たまったもんじゃないですもん。五十億もの人間に対して、誰も彼もみんなたまたま生まれてきたんだなんてこと、言えないですよ。みんな生まれるべくして生まれてきたんだ。そげん俺は思う。

俺はうちの女房のことをこういうふうに思っている。世の中には五十億もの人がいるのに、その中からおまえを選んだんだぞ、と。これは、ものすごい確率でしょう。そして逆に、俺もおまえに選ばれた、と。どうしても単なる偶然とは思えないんです。浪曲でも言うでしょ、「袖振り合うも多生の縁、躓《つまず》く石も縁の端」って。それぐらい、縁というのは深いものなんです。人間がそれを読み解ききらんだけの話で。

偶然と必然。物事というのはもともとそう単純に二極に分かれているもんじゃないと思う。「水俣には悪魔が降り立ったんだ」と言う人がいるけど、この悪魔という言葉をどういう意味で言っているんでしょう。正義や善の反対という意味で言ってはしないか、それが問題です。最近、「水俣に起こった災いはどこから来たんでしょうか」と人に訊かれたことがあって、答えにつまった俺はとっさに「仏さんの背中からかもしれんな」と言ってしまったんだけど、思えば確かに、善と悪というのは所詮表と裏の一体のものなんじゃないかな。近親憎悪というのも、憎しみと愛は別のものじゃなく、一体のものだということでしょ。それが時に表が出たり、裏が出たりするというだけのこと。環のようなものを想像してみるといい。南極の裏は北極だけど、南極からまっすぐ歩いて行けば、北極を通ってまた南極に辿り着くでしょ。こんなふうに反対の極にあると思われているものはすべてはつながっている。一体の中にあるんです。とすれば偶然と必然の「然」も一体です。

かつて共同体の中では、こういう「然」のつながり、お釈迦様の手のひら、古代にまで連なる魂の地層といったものが、人々には見えていたのではないかと思う。それは普段の暮らしの中に、そして狸や狐やエビスさん、祭り、年寄りの一喝といったものの中に感じられていたんじゃないかな。もちろん、みんなが同じようにというのではなかったでしょう。シャーマンのように感受性の強いのも、弱いのもいるんだから。けれども全体としては、世界を包み込んでいる大いなるものの存在を感じていた。

わがふるさとである不知火の海が、悪魔の降り立つ場所として選ばれたというのは本当のこと。しかしです。悪魔が降り立つ場所というのは、同時に神が降り立つ場所でもある。いや、そうしなければならんのです。

一九八五年の人生の折り返し点を経て以来、「海山東泊《かいざんこちどまり》」と名のっています。「緒方正人」は「申請患者」となり、今また生まれ変わったということです。その名はまた、ここ東泊という場所で生まれ、ここで海と山に抱かれて死ぬ者なんだということです。今、我々が坐って話をしているこの小さな建物は十年ほど前に建てたもので、「游庵」といいます。

この掛け軸（左頁参照）は、常世の舟の舟下ろしの時の記念。その壁に掛かっている書はある年の正月に俺が書いたもの。こう読むんです。

海山に我在りて我無我なり

俺が死んだ時の法名は「游庵亭大うつけ」にしてもらうつもりです。遺言まで考えてありますよ。土葬にして、その上に石を三つ置いてくれ。葬式ではみんな大いに飲んで、ドンチャン騒ぎをしてくれ。

游庵に掛かる石牟礼道子の書

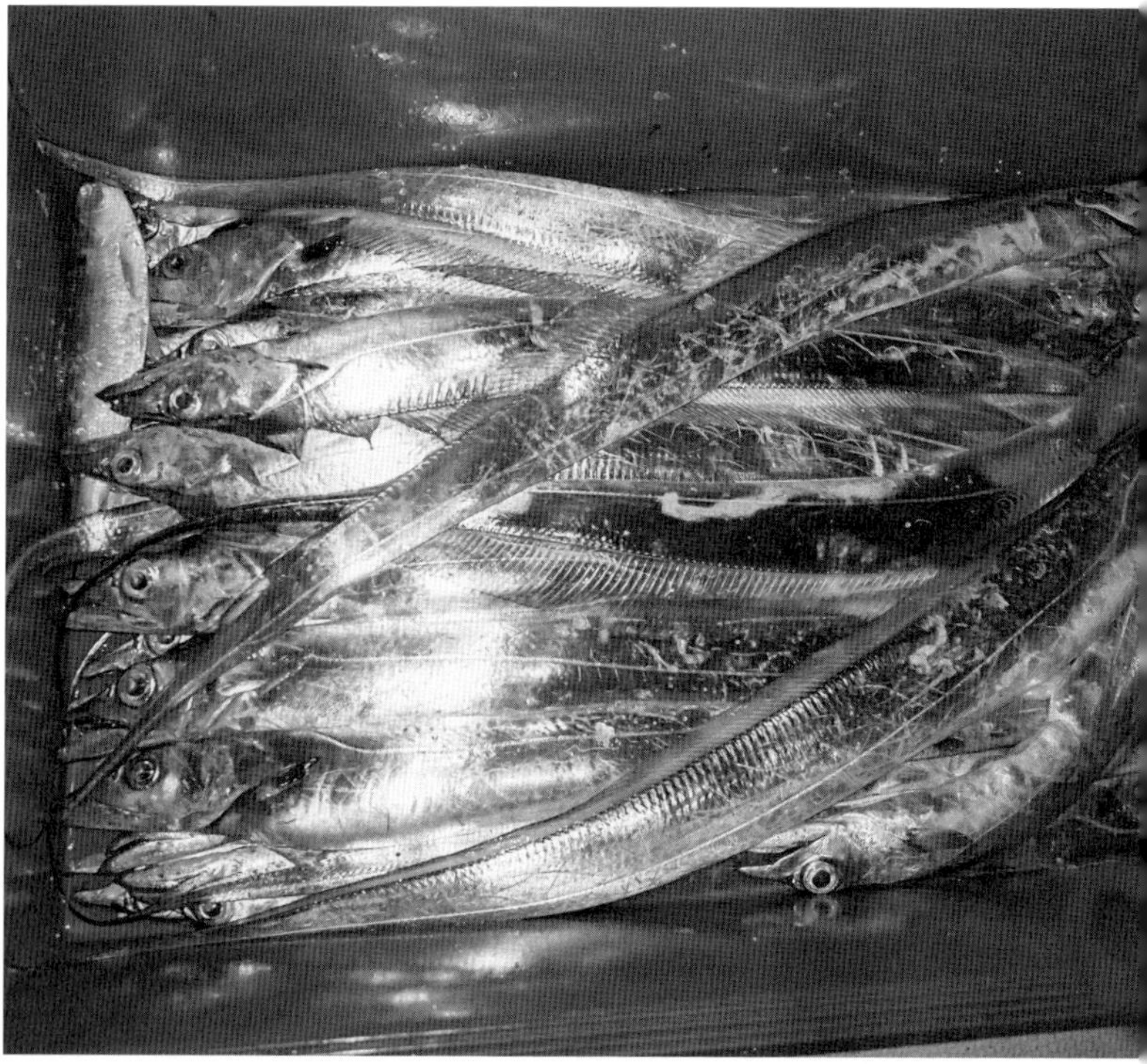

水揚げしたタチウオ

Ⅳ　日月の光のもと

一九九九

ヨーロッパを歩く

今年（一九九九年）九月末、大きな台風がこの地域を襲いました。多くの家が屋根を飛ばされたりして、大きな被害を受けました。俺の記憶する限り、最大の規模です。幸い、俺の家は無事だったばってん、自然の怖ろしさ、力強さというものを痛感させられた。埋立地では海辺に植えられた木が、ほとんど根こそぎ倒されました。しかし石の野仏さんたちだけは、倒木の間に何食わぬ顔で立っている。そしてみんな恋路島の方を、その先の海を眺めている。

そこには今、三十体くらいの野仏さんがいます。俺は今、三体目を彫ってます。まだまだ拙《つたな》いけれど、彫るのは楽しい。生活の合間に少しずつ、長い時間をかけて、自分自身の生身のからだを織り込むようにして、彫ってゆく。こういう時間のゆったりとした流れ方もいいし、からだ全体で関わるところもいい。

野仏さんたちは俺にとって、中継基地みたいなものです。死んでいった人々や魚や鳥や猫の魂たちと交信することを可能にしてくれる。このごろの日本では、過去を否定したり、ねじ曲げて正当化したりする欲求が強まっているようです。「未来志向」とか、「前向きに」とかいう表現が流行していますが、その裏側には「過去を清算する」という思いが詰まっている。水俣病問題の政治的決着なんていうのも、そんな流れの中にあったものでしょう。過去を否定することは未来を否定することだと俺は思っています。過去とつながっているからこそ未来がある。俺の中で過去は終わりはしません。死んでいった生きものたちの魂とつながって、俺は生きていくのです。

一九九五年という年は戦後五十年という節目に当たるということで、日本が戦争中に行った侵略や暴力支配について諸外国に謝罪する、しないをめぐって、またその「謝罪」の際にどういう表現を使うかをめぐって、政治家や官僚たちが滑稽なやり合いを演じました。その同じ年の秋には、水俣病問題の「全面解決」として政府が宣伝してきた和解案を、ついに患者諸団体が受け入れることが明らかになりました。またひとつ暗い過去が「清算」されるというわけでした。

その頃です、俺がヨーロッパへの旅に出たのは。この旅行に一緒に行ったのは、ひとりが相思社のメンバー、ふたりが熊本大学の教授で、三人とも水俣闘争になんらかの形で参加した人たちです。彼らに誘われる前から、俺はドイツとポーランドに行ってみたいと思っていた。そして、ナチスの強制収容所の跡を訪ねてみたい、と。中でもアウシュビッツという言葉には特別な響きがあった。そこに行ってみたい、そしてただそこに身を置いてみたい、と感じていたんです。

ドイツとポーランドで一か月過ごしました。こんなに長い旅行は初めてです。そして、実によく歩いた。自分にこんな体力があるとは思わなかった。自信がつきました。

ナチスの強制収容所はすさまじい。その怖ろしさというのは、俺の想像をはるかに越えるものだった。ガス室のことがよく言われるけど、他にも毒殺とか銃殺とか、いろいろな殺し方をやっている。創意工夫に富んでいるんです。地下牢に残された爪の跡からは、収容者たちの絶望の叫び声や悲鳴が聞こえてくるようだった。

いくつかの強制収容所を訪ねながら、俺は自問していたんです。

「俺がもし、ナチスの時代のドイツに生きていたら、どうしていただろう」

俺はこれまでたびたび、「もし自分がチッソの社員だったら、水俣病に対してどんな態度をとっていたか」という問いを自分に向けてきたんですが、今度の問いはまたさらに重くのしかかってくる。なぜ全体主義はあのように急速に広がっていったのか。なぜ人々は、その支配を受け入れるばかりか、あんなに熱心に支持したのか。寛容を説く宗教はなぜその残虐な暴力の歯止めになり得なかったのか。抵抗はなかったのか……？

一般にユダヤ人大虐殺といえば、ナチスがやったことであり、ヒットラーの狂気のせいである、という説明ですませているふしがある。それはちょうど、日本の戦争といえば、軍国主義と天皇制の責任、っていうのと同じこと。これも確かにひとつの捉え方やばってん、これではナチスなり天皇制なりを支えていた一人ひとりの責任というのがいつまでも見えてこない。

水俣病事件に関わり、その中でチッソの責任とか、国家の責任とかのさらに先にある人間の罪と責任の問題を自分なりに考えてきた者として、俺は、ドイツ人たちが人類史上最悪と言われる犯罪に、その後どう向き合い、どう関わってきたのかを知りたいと思ったんです。罪と責任の行方について、ヨーロッパではどんなふうに考えているんだろう。過去とは何を意味しており、未来とどう関わっているのか。旧世代は自分たちの経験を若い世代にどう伝えているのか、いないのか。

短い滞在の中で、こうした問いに何か明確な答えが得られるはずもありません。でもいくつかヒントはいただいた。子どもたちは学校で必ずナチスによる大虐殺について学んでいるということ。戦争犯罪の追及にも積極的らしいこと。また、収容所跡を訪ねてわかるのは、こうした場所をしっかり保存して、晒し続けようという人々の意志です。この点対照的なのが、自らが犯した罪の跡を隠してしまおうという日本の態度です。これは、ドイツという国が四方を他の国に囲まれていて絶えず外からの批判的な視線に敏感であったためではないか、と言われているそうです。これに対して、日本は確かに他のアジアの国々についてあまりに鈍感。アメリカにどう思われるかについては、敏感すぎるほど敏感やばってん。

俺をヨーロッパに行かせたのは、自分をひとりの人間として検証したいという思いだったち思う。そうしないと危ない。変質が怖い。具体的にそういう徴候があるとかいうわけではなかばってんが。人間誰でも弱いものだと思うんですよ。だって、ナチズムを受け入れ、ヒットラーを信奉していたのは、普通の人なんだもの。自分がそうならないと言いきれるだろうか。その普通の人たちが、家族を裏切ったり、友人を売ったり、何世代にもさかのぼってユダヤの血統を見つけては密告したり。同性愛者や身体障害者も虐殺している。

ヨーロッパに発つ前に、『シンドラーのリスト』という映画を観たんで、旅行中よくシンドラーという人のことを思いました。ああいう、個人として行動した人に関心がある。歴史の決定的な場面にあって、大きな力を発揮したのが、たいそうな教えや主義主張をもつ組織や集団ではなくて、ああいうどちらかといえば自己中心的な個人だった、という事実に関心があっとです。ナチスに流されたのも普通の人たちだけど、その普通の人のひとりであるはずのシンドラーは踏みとどまることができた。システムに身をまかせず、個であり続けることができた。

旅の途中、ドイツで日独環境学術会議とかいうものがあるというので、ついでに出ていくことにしました。主な参加者は経済学、社会学、工学、環境学などの学者たちでした。あちらに進出している日本企業や日本大使館が会議のスポンサーになっているので、そういうところからも代表が来て話をした。ちゃんと同時通訳つきで、金がかかっているようでした。話はほとんどがそれぞれの専門分野から出ない技術論。そしてほとんどが「調和のとれた経済発展」といった空虚な言葉を掲げて、要するに、環境問題はさらなる技術発展によって克服できる、という議論なんです。全体に呆れるほど楽観的なムードでした。

俺たち四人は、みんな水俣病問題を経験しているから、当然これに違和感をもった。問われているのは技術的な革新ではなく、根本的な価値転換なんじゃないか、と思うわけですたい。ドイツでは東西ドイツの格差が、東における公害のたれ流しという形で表われているという話を聞きました。水銀汚染もひどいと。俺、何人かの参加者に訊いてみた。あんたちは川に魚がいなくなってどげん思うか、と。するとキョトンとしていて、答えが返ってこない。そげん質問、受けたこともないし、考えたこともない、という感じ。恐らくこの人たちは、その川にはかつて釣りをする人がいて、釣った魚を食べる人々がいたということさえ、頭をかすめたことがないんじゃないか。そりゃ、公害は問題です。でも、それを科学技術で乗り越えられるという科学者や技術者の盲信もまた大きな問題です。

現地の日本企業を代表した三人がパネル・ディスカッションに出て話しましたが、その企業のひとつがなんと昭和電工だった。新潟で水俣病を引き起こした、あの昭和電工です。水俣病についてどんなことを喋るかと、聞き耳を立てていたんだけど、いつまで待っても水俣病に触れない。彼が言うには、これまで産・官・学の三者が協同してやってきたが、これからはそれに住、つまり地元の住民を加えた、四者の協同でやっていく必要がある。そうすればうまくいく、というわけですたい。水俣病にひとっことも触れないことにも驚いたけど、いかにも会議のスポンサー然としたその男の横柄な態度にも俺はむかっ腹を立てていた。

それで、俺は立ち上がって、発言することにしたんです。まず、水俣病の患者として自己紹介した。水俣から出席者があることは知っていたとしても、まさか患者がいるとは思っていなかったんでしょう。会場はシーンと静まりかえった。昭和電工の人も顔色が変わった。「水俣病についてあなた個人を責めるつもりはない」と前置きしてから、「それにしてもなぜ、あなたは今日の話でひとことも水俣病のことに触れなかったのか」と俺はただしたんです。会場にいる人々の中には、水俣病なんてもう過去のことだと思っている人もいるかと思って、俺は説明したんです。三十年以上経った今でも責任が明らかにされず、患者たちが苦しんでいるんだ、と。いわゆる和解案をめぐって今日本では大騒ぎをしているが、昭和電工がどういう態度をとるか、ちょうど注目が集まっているところだ、とも。自分の会社が当事者として現にそういう大変な問題の渦中にある時に、そのことにひとことも触れないで、環境問題の解決策をあれこれ論じることの奇妙さを俺は言ってやったわけです。産・官・学・住の協同なんて、それは果たして対等な力関係なんだろうか。そもそも、地元住民を犠牲にしてきた当の会社が言う協同とはどのようなものなのか。これまでやってきたことの自白もなしに、未来が開けるわけはない。そう、俺は言いました。

昭和電工の人は首をたれて、よう答えきらんかった。そりゃびっくりしたでしょう。とんだところに伏兵がおると思ったんじゃないかな。コーヒー・ブレイクの時に大勢俺のところにやってきて、いやあ、よかったとか、感動したとか言ってくれました。それまでは名刺も肩書きもない俺を、見下しているふうだった人まで挨拶に来よったもん。

新しい冒険へ

家から水俣まで歩こう、と思い始めたのはずっと前のことだったんですが、自分の体力に不安があった。しかし、ドイツとポーランドをずいぶん歩き回って、自信がついた。もっともあの時はうまいワインとビールの力に支えられている面もあったんだけど。

水俣の埋立地まで歩こうと思った。俺自身の小宇宙の中であの埋立地は、喩《たと》えて言うならアウシュビッツ。俺にとってのアウシュビッツ。毒殺の現場であり、死んでいったものたちの呻《うめ》きが聞こえる獄《ごく》のような場所。そこへ向かって歩く。

歩く。それは俺にとって、自分の身をゆだねる行為です。ゆだねる、というと、普通は国家に、社会に、時代に身をゆだねる、というふうになるんだけど、それは危ない。俺は自分の生まれ育った故郷の海や山にゆだねる。歩くことで無心になる。そして海や山とともにある自分を感じたい。そんな思いでした。

一九九六年の元日、初日の出の前に家を出ました。手には杖、背にはリュックサック、お供に子犬を連れて。犬は、動物園の猛獣の餌にされるはずだったのを保健所からもらい受けたんです。どうして犬を連れて歩くことにしたのか。うーん、やっぱり淋しさでしょうね。犬とは気持ちで通じるしかない。理屈じゃない。そこにひかれたのかな。でも、歩き出してみると、犬の方が先にフーフー言う。夜が明けて、車が通り始めると、飛び出さないように注意せんといかん。街が近づくと、民家の飼い犬に吠えたてられる。というわけで、犬はかえって足手まといでした。

ハイウェイは避け、海辺の道を通って、海と山の間をくねくねと縫うように歩きました。休憩時間を入れて、約六時間かかって水俣市に着いた。チッソの工場の近くを歩いている時に昼を告げるサイレンが鳴った。埋立地に辿り着いた時には、足も腰もガクンガクンで、一度坐り込むともう立ち上がれないんです。弁当の握り飯を食い、焼酎をあおって、そのままバタンと眠り込んでしまった。

我々のような文明社会では、すべてが高速で動いていて、等身大の自分を見失いがちです。大きな自然の中に身を置いてみれば自分の小ささがわかる。歩いてみれば、文明に浸りきっていたのでは見えない自分が見えてくる。生身の人間って、六時間歩くのが限度ですもん。しかし、人間の小ささや脆《もろ》さがわかる一方で、そんな人間とそれをとりまく自然との間にかつてあったはずの響き合いもまた感じられるようになる。山からの風を受け、潮の香りを嗅ぎ、足に痛みを覚え、鳥の声に慰められる。自分の生が自然の営みの中に収まっているのを感じる。

「全面解決」と称する政府の和解案が患者団体に受け入れられ、「一時金」と称する金も支払われた今、そして人々の意識から水俣病の三文字が早く消え失せることが期待されている世の中にあって、我々患者の一人ひとりがこんな問いを突きつけられているんじゃなかろうか。

「おまえはどう自分自身の水俣病を自分自身のやり方で生き続けていくのか」

俺にとっては歩くことがひとつの答えかもしれん。野仏さんを彫るのもよし。埋立地にただ石を置くのもよし。それが、俺の選んだ祈りの言葉であり、誓いの所作であり、記憶の刻み方だと思う。木を植えるのもいいし、毎日小さな石を積み上げていくのもいいだろう。政治の世界でいえば、これらは確かに、ちっぽけで無意味な行為にすぎないでしょう。でも、システム社会に我が身をゆだねることをやめてしまった人間には、ふさわしい行動なんです。

四月まで毎月朔日《ついたち》の日に、水俣の埋立地まで歩きました。三回目からは犬を連れずにひとりきりで。「ついたち」っていう日は「たつ」というくらいだから、語呂がいいし、歩くのにちょうどいい気がしたんです。五月一日は水俣病の「公式発見」からちょうど四十周年という特別な日だったんだけど、俺はその前にからだをこわしてしまった。そしてやっとからだの調子が戻った頃には、すでに次の大きな冒険の話がもちあがっていて、俺はそれに打ち込むようになっていた。打瀬船《うたせぶね》に乗って外洋を東京まで航海するっていうとんでもない話です。

一九九六年という年は、水俣病四十周年ということで、秋には「水俣・東京展」という大がかりな催しが行われることになっていて、これまでさまざまな形で水俣病事件に関わりをもってきた人たちが中心になって準備を進めていたんです。二月のことです。実行委員会の連中から、うたせ船と呼ばれる不知火海名物の漁船を「水俣・東京展」に展示する計画を聞いたのは。展覧会のシンボルとして欠かせないという話でした。そのうちに、どうやら古い船を安く譲ってもらえそうだという。しかし、調べてみると二十五トンもある船をトラックに載せて輸送するにも、大きな船に載せて輸送するにも、莫大な費用がかかる。そんな予算はない。

「どうしたらいいでしょう」と俺に実行委員の連中が訊くわけです。それは一種の謎かけだったんですね。その船に乗って東京まで行ってくれないか、と俺に頼んでいるんだな、と感じました。うたせ船で東京へ。無謀な話です。しかし、俺は彼らに、二、三日考えさせてくれ、とだけ言った。まあ、その時に引き受けてしまったようなもんです。東京からの挑戦を受けてたつ、というような気持ちもあったように思う。俺はやる。それは決まった。しかし、どう考えてもひとりでは無理だ。せめてあと二、三人要る。それもいのちを俺に預けてくれるようなのが。

肝心の船を見もしないで決めてしまった。古いとはいえ、最近まで漁をしていたというから大丈夫だろうと思っていた。しかしあとで見たら、かなり傷んでいた。かなりの修理が必要だという。正直言ってショックでした。そもそも、俺はそれまでうたせ船に乗ったことがなかった。これにはちょっと説明が要ります。うたせ船といえばこの地域の名物ですから、この地域の漁師はみなそれに乗って漁をするんだ、と他所《よそ》の人は思うようですが、違うんです。同じ不知火海といっても、村ごとに違う伝統的な漁法をもっている。ここではたち網、ここでは刺し網、ここでは流し網、というように。しかもそれが許可制になっているから、新しい漁法を始めようと思っても難しい。うたせ漁も、親から子へと代々譲り伝えてきたものなんです。緒方家にはなかった。でも、うたせ船は俺の住むこの地域が中心ですから、それはいつも日常の風景の中にありました。だから、乗ったことはなかばってんが、乗れんはずはなか、という気持ちもあったち思う。

他の漁船がみな強化プラスチックになったのに、うたせ船はまだ大半が木造です。昔に比べるとずいぶん少なくなったけど、それでもこの近辺には今でも四十以上います。うたせ漁は一種の小型底引き漁で、大きな白い帆をいくつも張って、風と潮の力だけで動きながらいくつもの小さな網を引く。そしてエビやアナゴやシャコといった底ものを捕る。この漁法には四百年の歴史があるそうで、最近は観光客にも人気があります。

俺と一緒にうたせ船で東京に行ってくれるもんはおらんかと、うたせ漁の漁師にあたってみたけど、みな相手にしてくれない。それは無理だ。「おとろしか」、という返事。そもそも俺が引き受けたことが信じられない、と逆に言われた。うたせ船というのはすべて内海での漁のために浅く浮くように平たく造られていて、高い波や揺れには非常に弱いんです。また、これも後で痛感させられることですけど、帆は漁の時に横風を受け流すためのもので、旅には使いものにならない。後ろからの風ならよさそうだけど、今度は視野を遮《さえぎ》るので危ないんです。結局エンジンに頼るわけだけど、これが百馬力で速度は八ノット。自転車をゆっくり漕ぐくらい。

しかし、そのうちに我々の計画が新聞に載って、その記事を見たという宮崎県の親子が参加を申し出てくれた。親は一等ライセンスをもった経験豊かな船長さん。いやあ、うれしかった。また水俣病闘争の支援者の青年と、「水俣・東京展」の事務局の青年が志願してくれて、これで俺を入れて乗組員は五人。何か共通の理念みたいなものがあったわけじゃない。乗り組みを決意するにはそれぞれ違った思いがあり、理由があったんです。

俺にとっては、沖縄を歩き、ヨーロッパを歩き、埋立地へと歩いたことの延長にある旅。今度は危なっかしい船に自分を乗せて、さらに大きな海に、宇宙に我が身を晒してみる。またこれが「水俣・東京展」への、俺なりの参加の仕方だと思った。いや、気持ちの上では主催者になっていた。「もう水俣病は過去のもの」という時代の中で、もう一度水俣病事件が四十年間問い続けてきた問いを社会に突きつけたい、と。文明とは何か。近代化とは何か。人間とは？　古びた旧式の帆船でやるこの一見馬鹿げた航海を見て、そんなことを考え直すきっかけにしてくれればいい。船には、こんな俺の思いを乗せていくのにふさわしい名前がついてました。日月丸《にちげつまる》。石牟礼道子さんに頼んでつけっもろたとです。

うたせ船「日月丸（登録名・一光丸）」（提供・水俣病センター相思社）

うたせ船で、いざ、東京へ

七月半ばには出発したかったんです。八月に入ると台風の確立が高くなるから。しかし、思ったより船の傷みがひどく、修理に手間取ってしまった。整備を急いで手抜きになるのはよくない、ということで、結局出発を八月六日、広島の原爆記念日とした。航海のルートが長崎、広島を通ることもあって、水俣をそこへとつなげたいという意識はありました。出発の日が近づくにつれ、新聞やテレビやラジオの報道が盛んになる。俺の周囲の者たちはさすがにもう止めようとはしなかった。でも俺はますます大きなプレッシャーを感じてました。技術的な面は船長にまかせるにしても、俺はその他一切の責任を負うつもりでいましたから。俺の呼びかけに応えることで乗組員はいわば俺にいのちを預けてくれたわけだから。出発を一週間後に控えた日の昼のこと、船の整備をしていた俺は太陽の回りにくっきりとした輪ができているのを見つけた。つられて空を見上げた周りの人たちがみんな驚いて騒いでました。俺にとっても生まれて初めて見る日暈《にちうん》。鮮やかな、美しい光の輪でした。それが俺には何よりの吉兆と思えてうれしかった。

そしていよいよ出発の日。いろいろ困難はあるだろうとは覚悟していたけど、出発直後にあんな大変なことになるとは。不知火海を横切り、本渡《ほんど》の瀬戸をくぐって外海へ抜けようという直前に、船が砂防堤にぶつかって、プロペラとシャフトがグチャグチャになってしまった。愕然としている我々の耳に、「本日早朝、日月丸は颯爽《さっそう》と船出しました」、とかなんとかと言うラジオの声が聞こえてくる。いやあ、参りました。無線を頼りになんとか鉄工所を見つけたが、とにかく瀬戸の速い流れのせいで船がほとんど進まない。人が歩くほどのスピードでついに辿り着き、乾《かん》ドックへとワイヤーで船を引き上げ始めた。ああ、これでなんとか今日中に出発できる、とホッとしたのも束の間、もう少しで巻き上げ終わるというところでワイヤーがブッツンと切れて、日月丸は一気に海に滑り落ちてしまった。

今では船といえばたいがいプラスチックだから、うたせ船のように重い木造の船を扱える施設がもうほとんどないんです。鉄工所の人はびびってしまった。こりゃ、大事故になりかねん、と思うたとです。そこをなんとか、と頼みこんだ。向こうもニュースを聞いて我々のことは知っているから同情したんでしょう。やってくれることになった。普通なら二、三日でも待たせておくところなんですが。潜水ができる乗組員の小林君が水に潜ってロープを引き上げる。そして、滑車をひとつ増やしておいて、今度は無事に船をドックに引き上げることができた。新しいシャフトと取り替えて、結局、三時間後に再出発となりました。結果的には、あのトラブルがあって救われたんです。というのは古いシャフトに腐食があって、あのまま外海に出ていたらもっと大変なことになっていたらしい。我々の精神的な引き締めにもなった。あれが第一の関所だったんですね。

九州の西岸を北へ、長崎、佐世保と回って、福岡へ。天候は悪くなかったが、それでも日に三回は全員が、水を懸命にかき出さねばならなかった。あちこち補修を繰り返しても、この古い木造船にはどこからともなく水がしみ込んでくる。関門海峡を通って瀬戸内海に入ると、内海の漁のために造られた船は波が穏やかな分だけ楽になった。しかし、島々や船の間をすり抜けながら進んでいくには、うたせ船の大きな帆は邪魔なだけでしたけど。我々はすべて船上で自炊し、寝泊まりしました。夜中に大雨に降られれば、みなずぶぬれです。次から次へと故障を起こす船にみんな罵声を浴びせていた。参加したことを後悔してたんじゃないかな。でも、我々五人の間には喧嘩がなかった。最後まで団結は揺るがなかった。

しかし、本当の試練は太平洋の荒波の中に出てからだった。それに比べれば、これまでの航海は豪華客船のクルーズみたいなもんです。太平洋。見たことのないすごいうねり。

そのうねりの上に波がある。近くを走っている船がふと見えなくなる。船がもみくちゃにされるのに合わせて四本のマストが激しく揺れて、しまいに基《もと》が弛んでくる。そのたびに懸命に直してなんとか失わずに済んだのが、今から思うと不思議なくらい。もうこうなると俺たちは朝から晩まで休みなしに、水のかき出しと大工仕事。とうとう台風が近づいてきた時には漁港に一日半停泊してなんとか難を逃れた。

それでも楽しいことはありました。魚は釣れたから、食べものには困らなかった。途中寄港する港では、漁師たちが珍しがって集まってくる。そして、飲みものや食いものを差し入れてくれる。彼らにとって、日月丸は恐竜みたいなものに見えたんじゃないかな。そもそも、木造の帆船は日本中どこでも極めて珍しいんです。それにとびきりおんぼろときている。おまけに大きな旗が掲げてある。そして、そこには「海よ　風よ　人の心よ　甦れ」とある。そのメッセージを見て、がんばれよ、と励ましてくれる人もありました。珍しがる人があれば、怪しむ人もある。怪しまれないように、無線を通じて我々が何者かを説明しなければならなかった。航海も終わりに近づいた頃、伊東沖で高波に立ち往生していたとです。よう前に進めんでいる我々の船に、海上保安庁のパトロール船が近づいてきた。怪しんだわけです。するとその時、彼らの目の前で、我々の船の横っ腹の板が破れた。

「日月丸」の旗（撮影・宮本成美）

いやあ、彼らもびっくりしたろうなあ。もう板が腐って舟釘もようきかんようになっとったのが、波でたたかれてるうちに外れた。そして、弓状に曲げてある板の片側がバーンと前へ飛び出したわけです。早速無線で、どこから来たのか、と。そして、臨検のため保安部まで曳航《えいこう》するという。仕方なくついていきました。必要な書類をすべて見せ、船長のライセンスを提示し、おまけにこの航海についての新聞記事も見せたけど、まだ納得がいかないらしくて、船の中を見て回る。どうも密航者を積んでいると思ったらしい。俺たちはこの臨検の機会を逆に使って、俺が幸い積み込んでいたでかい釘と針金で、船に応急手当てをしてやった。ふと見回せば、そこはリゾートで、豪華な船ばかりが並んでる。その時ばかりは俺たちの目にも日月丸がひどくあわれに見えたもんなあ。

十三日間、千五百キロの航海を終えて、ついに俺たちは東京に着いた。疲れたのとホッとしたので、みんなその場に崩れおちた。俺は間もなく熊本に戻りました。「水俣・東京展」まではまだひと月ありましたから。でも、それまでの間にも水《あか》をくみ出しにいかんと停泊中の日月丸が沈んでしまう。それで若い連中が毎日のように行ってくれてました。

「水俣・東京展」は大成功。そして、日月丸はそのシンボルとして人気を集めました。「水俣・東京展」終了後、役目を終えた日月丸をその場で解体しました。そして焼却場へもっていって葬式をあげました。本当はそのまま海に沈めて魚のアパートにしたいところだったけど。

航海についての実感が湧いてきたのはしばらく経ってからのこと。今もあの時のことを思うといい気分です。ずいぶん危ないことをしたな、とも思うけど、それでよかったたち思う。文明社会っていうのは、安心とか快適さを求めてここまで突っ走ってきたわけでしょ。としたら、今の社会を批判する者が危ないことを怖れて、避けてばかりいるわけにもいかんでしょう。

V いのちはのちのいのちへ

二〇一八-二〇二〇

近代史の中の水俣病

水俣だけでなくて、日本が、いや世界中の文明が迷っている時に、思い切ってね、原点を求めた方がいいと俺は思うとですよ。都合のいいところだけ切りとらないで、思い切って生命史に訊ねるくらいの気持ちでやった方が面白いと思う。でないと、出発時点で「立場」をつくって、それにこだわってしまうわけですよ。

例えば水俣病事件の歴史は五十年だとか六十年だとか、という言い方がある。今年は「公式確認」から六十二年だと。でもそんなのあてにならない話で、実は戦前から始まっているわけ。水銀を使い出したのは一九三二年からなんで、今の数え方からすると二十年以上も遡《さかのぼ》るわけです。チッソがここへ来たのが百十年くらい前です。朝鮮チッソと水俣チッソはほとんど同じ時期にスタートした。そこにまた物語性があってね、水俣はいわば朝鮮侵略、大陸侵略の拠点だったんです。ここは内海でしょ。だから距離的にいえば、外海に面した、例えば福岡や長崎の方が近くて便利なはずなんだけど、ここは台風やシケの時に外から避難してくるような場所だから、船の安全ということではこっちが有利です。

こういうのはみな国策の一部で、チッソという会社はその下に置かれていた。朝鮮では何十万人という人を奴隷のようにコキ使ったというし、土地もほとんどタダでとり上げた。水俣でも朝鮮でも工場のために川の流れを変えちゃった。俺は、米軍のやり方とよく似てるなと思う。すべてを支配下に置いちゃう。そこにもともと住んでいた人たちの主権みたいなものを無視して。今の沖縄の名護市と同じ構造ですよ。また原発の立地ともよく似ている。これらをつなぐキーワードが「基地」だと思う。基地なんですよ、水俣も。国家にとっての基地。基地にあるものって大体危ないものでね。核兵器から、いろんな爆弾や鉄砲、毒物、生物化学兵器みたいなものまで、危ないものがいっぱいあるわけでしょ。原発だって放射性物質がいっぱい。

チッソもそうだったんです。ヒ素から、鉛から、なんからかんから、なんでもあるんだから。だから原因の特定に時間がかかったんです。ないものを探すのが大変なくらい。「基地」が置かれると、国家による直轄支配の構造が生まれちゃう。で、地元自治体はその中で自由に立ち入り調査すらできない。地元の権限は奪われる。住民は口を出すなという感じになっちゃうわけ。それは沖縄の名護も普天間もそう。米軍のヘリコプターが墜落してもなんの捜査もできない。

水俣病の問題は、本当は水俣病発生より前の前史がある、と俺は言うんです。まずチッソが来た。それがどういう意味合いをもっていたのかというところから見ないといけない、と。

近代化ということ。チッソから水俣の近代化は始まった。百十年前、わけもわからんようなものが降りてくるわけでしょ、民衆の上に。でも結局そっちに引っ張られていくわけですよね。

チッソとともに階級制度が降りてきた。チッソの社員だけでも七階級とかに分かれてたんですよ。階級によって社宅から庭のつくりまで全部違ってる。ある意味、一番下の方でもうれしいわけですよ。いつかは正社員になりたい。「憧れのハワイ航路」じゃないけれど、憧れの社員を夢見たっていうわけ、みんな。まさに水俣はチッソ城下町なんです。株式会社っていうけど、チッソの実質は国営企業。それを私企業として見てしまうと、大事なところを見逃す。これは東電だってそうです。関西電力や九州電力だって同じで、単なる私企業と見ることには危うさが伴う。

生命史の中の「私」

我々は自分のことを「私人」という。これも怪しいんですよ、俺に言わせると。今日の「私」と昨日の「私」と十年前の「私」と同じなのって。「私」なんていうのは一時的に便利だから使っているだけですよ。単なる「立場」というのとどこが違うのかって。都合が悪くなると黙っちゃってね。「私のいのち」なんていうのはちゃんちゃらおかしい。世の中に今、「私のいのちをどうするのも、私の勝手でしょ」みたいな雰囲気がある。いのちを所有しているという錯覚が起きている。もっと言えば、土地も山も海もそうです。私のものなんて、ふざけるなと言いたくなる。おそらく、生まれる前と亡くなったあとは、この大きな世界に統合されて一体になるんでしょうけど、その間の一時期、生きている間だけ、仮の「私」を生きるだけでしょ。せいぜい七、八十年の間だけのこと。

俺は学校教育の刷り込みが効かなかった男なんですよ。小学校も中学校も入学した翌日からもう喧嘩やったもん。勉強全然しなかったし、嫌いだったわけじゃないんだけど、なんか、漠然と嘘っぽい、もっと大事なことが他にあるんじゃないか、みたいな感じを抱いてたんでしょうね。

　俺がいろんな運動やり始めたのを知って、「あの緒方正人が」と先生たちがみんな驚いてたそうです。刷り込みが効かなかったのは、小学校に入学する半年くらい前に親父が水俣病で亡くなって、入学する前にすでに大きな課題が降りてきちゃったんです。だから他のいろんなことに目が眩《くら》まないというか、多分そういう感じです。

　だいたい学校というのは商品規格に合わせてつくっていく。「曲がったキュウリは駄目」みたいな話で、まっすぐで規格サイズに合う売れ筋の商品だけをつくる。小中はまだしも、高校大学とかになると余計、そうでしょ。俺の同級生なんか見てても思うもん。だいたいまともに勉強して、高校行って、大学行った奴ほど大したことないんだな、今話してみると。中身がないっちゅうか。学校教育の一番の弱点はね、どうやったら度胸がつくか教えてくれないということだな。

　好きにならないと惚れられないですよ。そう思う。俺は酒飲みだから、酒が好きで飲んでたら酒から惚れられちゃった。相思相愛になるんですよ。これは風景もそうだと思う。

俺はここに生まれてずっとここで生きてきたけど、今でも海も山もつくづく美しいと思う。惚れてるのね。そして惚れられてるなって。

風景を見る時、みんなは見てる側の視点のことを意識している。ところが「見られている」という意識が欠けていることが多い。花を見てるだけでなくて、花からも見られてる。だって立体的に捉えれば、そうでしょ。音楽もそうだし、その土地が好きになるというのもそう。言葉を超えているわけです。好きに理屈はいらないわけだから。

今こうして生きている我々が生きものの現役であるということは確かであっても、その前に、何千代、何万代かわからんくらいの生命の運動があって、我々はその中にある。もちろん一人ひとりの存在の意味も大きいでしょうけど、永くて大きな生命世界の中にあるということの意味をつくづく思わされるんですね。

生命世界に帰依する——親父のこと

俺んちは登記してないんですよ。家も土地も。役場は困るって言うんだけど、でも、俺はなんも困ってないよって。ここはもともと、親父がつくったざっと二千坪ぐらいの土地の一部なんです。あっちの緒方家の実家まで百メートル以上あるでしょ。上の山を切り拓いて畑にして。その土をここに入れて。ここは昔、俺が小さい頃は、イワシを干したり、網の手入れをしたりするところやったんです。俺が二歳くらいの時から、「ここはおまえのものだ」と親父は言うわけ。石を並べて、「ここからあっちは兄貴。ここからこっちはおまえ」と。俺は価値がわからない。二歳三歳でほしいわけないじゃない。でもしょっちゅう言うもんだから、村の人たちも知ってるわけですよ。口伝だけで、財産分与も何もなく、すでに決まってた。

厳しか人だった。生き方に対してすごく厳しかったんです。うちには、いわゆる知的障害の人たちとか、他に行き場のない百姓の次男、三男がいつもたくさんいた。親父はみんなよくかわいがってた。だからまた人がよく集まる。またうちには女が多かったもんだから、男たちが寄ってきたっちゅうのもある。親父としては、全部、〝片付け〟ないかんもんだから。

雑多なんです。いろんな人たちがいたわけですよ。それが俺にはつくづくよかったなと思う。どこかから流れてきて居着いた人もいれば、網子としてやって来て、うちの姉たちと結婚したのもいれば、朝鮮人もいれば……。差別してはいかんっていうのを俺も学校で言葉として聞いたけど、なぜやっちゃいかんかはその前に教わってたわけ。そこが違った。親父は、言葉で言うんじゃなく、「誰、隔てなく」ということの意味を自分の生き方でやって見せた。

だから教育は学校から始まるんじゃないと、俺はつくづく思うんです。それこそ自分が言葉を話し始めるくらいから恐らくもう親父の教えが入っているんです。人をいじめることを嫌ったもんね、うちの親父は。自分も苦労してるからでしょうね。学校に入ってすぐ自分の母親が亡くなって、その後、父親は後妻をもつんだけど、その継母との関係で苦労したようで、小さい弟たちを学校にやって自分は学校を二年生の途中でやめて働かざるを得なかった。苦労を経てきた分、親父には存在感がものすごくあった。迫力がありましたよ。まだ達者な時分、親父の前を平気で歩ける人間はそういなかった。もう、咳払いひとつするだけでビビッと反応するくらい。

二時間以上寝る奴は贅沢しとると言う。ほんとに寝てる姿を誰もほとんど見たことがない。昼寝は三十分ぐらいすることはあったけど。でも布団に寝るわけじゃなくてゴロンと横になる程度。漁師村だから朝が早い。若いもんを起こすのに、普通は「もうおてんとう様昇っとるぞ」とかって言うでしょ。でもうちの親父は「はよう起きらんと日が暮れるぞ」と、そげん言いよった。近所の子どもや若いもん、俺の従兄弟たちも、みんな「自分の親よりも、おまえんちの親父がおとろしか」って。本人の父親が横にいても構わずに叱る時は叱る。「こぎゃんせんな」と横の親にも見せてるんでしょう。遠慮はなかった。

親父は自分の力で網元になった人だから、みんながいつも見てるわけですよ、彼の力量を。もちろん漁師としての働きもすごいんだけれども、網元としても一流で、天草の漁師たちにも名前が響くくらいだったんです。

囲炉裏で火を熾《おこ》して、火鉢を見ながらいろんなことを恐らく考えていたと思うんですよ。天気の予測から、イヲの動きまでね。やくざの親分じゃないけど、一家を構えているわけだから、どう采配をしていくか、どう揉め事をおさめていくのか。そろばんはできたけども、字は書けない。だから考えるといっても文字で考えるのと違う。深く、深く、そして射程も長い。

囲炉裏といえば、この囲炉裏は丸いでしょ。俺が自分でデザインしたんです。普通は四角だけど、なんで丸くしたと思います? まず、丸にするとだいたい三人以上余計に坐れる。で

游庵の囲炉裏

も、もともとの着想は親父が亡くなっていく時なんです。親父は苦しんで、苦しんで、狂いながら、それでも震える手で畳に円を描いてた。そして「あとはまるぅ（丸く）やっていけ」って。俺ら家族は数が多くて、異母兄姉でしょ、だから親父は後々のことを心配してたんだと思う。言葉がもつれる。よだれ垂らして、痙攣《けいれん》して。それでも残る力でそういうことを言ってた。それを受けとったという気持ちを、この丸い囲炉裏で表したんです。

「まるうやっていけ」

最後まで親父の言葉を聞き取れるのは、おふくろと俺しかおらんかった。一日一日進行していくでしょ。後のことを気にかけるということは、達者な時からあったんです。財産の相続でもなんでも決めてた。でも、「まるうやっていけ」と言ったのはその時だけ。死期を感じたんでしょう。感じざるを得ない。痙攣がきて、眼は見えなくなる、耳は聞こえなくなる。モルヒネを打ちながらそう言ってたんです。

俺も、親父のように長いスパンの中で物事を見られるようになりたいとずっと思ってきた。おそらく、それが「信心」というものだと思うんです。その土地に、生活空間の世界に帰依する。帰依して生きていくということです。どっかの宗教教団みたいなんじゃなくて、自分たちを包む大きな世界、その循環のサイクルに帰依していくという。親父にはそれがあったんだろうなと思う。

逆に、そういう世界の中に毒を盛ったり、そういう世界を傷つけたりしているのが近代社会だと思う。それは単なる一私企業の罪じゃない。そうじゃなくて、国家的な罪、文明的な罪です。どこの誰かというふうに特定することはできない。責任なんて偉そうに言ったって、せいぜい補償金などというちゃちな銭でごまかす程度の話であって、ね。だから、「そんなものいらない」って言われると困っちゃうわけですよ。

昔の人は、銭じゃない世界観をもっていた。でも今の人たちはお金に帰依してる。仮想通貨だとかなんとかと騒いでいるけど、実に情けないなと思う。

人生たかだか七、八十年。年寄りから生まれたばかりの赤ちゃんまで、単に飯食って呼吸をしてるっていうだけじゃなく、やっぱりそこに、「ともに生きている」っていうのがある。何かと、誰かと、ともに生きているっていうその中に、自分もまたある、と。

ところが現代社会じゃ、おのれの正体を隠してでも生きてるつもりなわけですよ。自分をさらけ出さず、マンションの片隅で孤立して、コンビニだけで暮らしていても、そりゃ食って呼吸はしてるだろうけど、それが本当に人間らしい、その人らしい生き方なのかどうかは、はなはだ疑問です。

点としてのおのれ

水俣病というのは、ひとことで言うと、人間のあぶり出しだったと思う。でも、けっして加害者だけが問われていたわけではないんです。チッソが水俣に来たのも近代化だったけど、その後の運動を見てると、運動もまた近代化の歩みだった。同じ土俵の上で両者が合意したから和解が成立したんです。「和解」という名の談合です。

水俣病に関連していくつもの団体がある。団体に所属するとなかなか本当の意味で独りになりきれない。でも俺には、「点としてのおのれ」という感覚があるんです。自分から世の中にむけてパフォーマンスするつもりはないのだけど、点として自分を律していきたいという気持ちがある。だから人からどう思われてるか、全く気にしてないです。

ひとりの人間としての点と点がつながるのはいい。でも面になる必要はない。その悪しき前例はいくらでもあるんだから。ある場面で必要な時に「もやう」ということはある。だけど毎日じゃない。本質的にはひとりの人間は、自然人ということだろうと思う。これは個人主義というのとは違うんです。

今やチッソがつぶれかかってる。だから闘うべき対象が特定できず、見えなくなってる。裁判闘争でも、刑事責任、民事責任、すべて決着がついてしまっている。制度の中でこれ以上の追及は難しいんです。その中で、加害者だけでなく被害者も主体性をなくしてるんです。だって、制度の中でしか話してないから。その正体がバレてしまった。バレただけならまだしも、今やAIに乗っとられている。いよいよ人間の厄介払いです。

被害者だ、加害者だ、ってみんな言うし、俺も昔は言ってた。でも、そんなのは配役の違いにすぎないんですよ。役どころの違い。決定的なものではないし、永遠のものでもないんです。俺はずっと、人間の愚かさと、危うさと、どうしようもなさを感じてきたんです。結局、加害者も被害者も全部、同じ輪の中にいる。それはお釈迦さんの手のひらの上かもしれない。どちらにしても外はないんです。その中にしかいないので、反対だ、闘争だ、というのには所詮、限界がある。でもこういう話をすると、一番多い反応は、それではチッソを許すことになってしまうというものです。チッソの責任はどうなっちゃうのかって。そういう「責任論」からみれば、俺が言ってることは、問題を終わらせてしまうように見えるだろう。でも、責任論には限界があるんです。制度に組み込まれた時に終わりがくる。

でも「存在論」には終わりがない。よく、「水保病を終わらせるのか」と言われたけど、逆なんですよ。存在論は終わりがないから、終わらせたくても終われないんです。我々の運動には終わりがないんです。だって、生命の本質は「終わりなき運動」なんですから。

毒を引き取る

三里塚闘争とか安保闘争とかの場合は、そもそも政治問題なんですよ。ところがね、水保病の問題をやっていると、病気の問題だっていうこともあるし、それ以上にね、いのちの問題でしょ。つまり、この問題の本質は政治的レベルを超えている。それが根底にあるから、水保病の問題は長い間終わらせることができなかったのだと思う。やはりその本質が政治の問題じゃなくて、生命の問題だからだと思う。だからどこの政党も政治団体も、非常に関わりにくかった。他の問題はたいがい人間社会だけの問題でしょ。ところがこれは魚も鳥も猫も、他の多くの生きものたちも巻き込んでるわけですよ。

食べるっていう行為から物事を考えるんです。いのちが他のいのちを食べてしかいのちをつなげないという、生きものとしての人間存在のありようが、食べるという行為に凝縮されているから。ところが「水俣病」からスタートしてしまうと、認定基準がどうとか、補償金はいくらだとかっていう話にいっちゃう。話がおおもとからじゃなくて途中から始まると、そのレベルでの綱引きになってしまう。そうすると専門家と称する弁護士とか医者とかが出しゃばってくる。当事者たちは置き去りにされかねない。当事者をつかまえて、「素人じゃないか、おまえたちは」ってなことになっちゃう。

話をもっと根源へと辿らないと、人間存在の罪深さが見えない。それは水俣病にとどまる問題じゃない。だって人間くらい卑しい生きものはおらんでしょうが。肉から魚から野菜から、なんからかんから食うわけだから。せいぜい食わんのは石ころくらいでしょ。あとは食っちゃう。蟻だってミミズだって食うし、魚の頭だって食っちゃうんだから。そんな生きものは他におらんと思うなあ。だからこそ脳もこんなふうに〝進化〟を遂げてきたのかもしれない。でも、そういう存在自体のあり方に関わる罪深さが、しまいに母体である地球を傷つけた。母体にまで毒を飲ませてしまったんです。それがこの文明社会の罪深さです。

食を通して母親が病気になり、その胎内の子どもや、へたすりゃ四代にわたってやられるわけ。それを考えると水俣病事件の根本は食という行為にあった。「食いものの恨みは怖ろしい」という言葉の意味は、ここにも表われていると俺は思うんです。

原発の問題もそうですよ。空気汚染や水汚染を通じて、きのこが、野生動物が汚染されて、食物連鎖で毒が直接的、間接的に人間に入っていく。地球上を汚染すれば、いずれは自分に返ってくるわけです。

今までは、毒物を盛られた、食べさせられたっていう被害者意識が問題について回った。そこに被害と加害という関係を見てきた。もちろん、加害・被害の構造があるというのはわかるし、それも的外れだとは言わないけど、でも、別の捉え方はできないのかなとずっと俺は思ってきた。それでこう考えたんです。我々は生きものとして毒を引き取ったんじゃないか、と。魚も猫や鳥も人間も、それぞれ毒を引き取っていったんだ。母体と個体生命の関係がそこに表われているんだ、と。

毒を食べさせられたっていう面と、引き取ったっていう面とが二重構造のようになっているんじゃないか、と思う。その一面だけを見て、もう一面を俺たちは見落としてきたんじゃないか。それを見れば、他の生きものとの共通性も、つながりもよりわかりやすくなると思うんです。

「俺たちは引き取ったんだ」、「引き取らざるを得ない存在なんだ」と考えることで、存在の立ち位置が表現される。そうすれば、認定基準とか補償とかいうのがちゃちなごまかしにすぎないということが、もっとよく見えるわけです。権力が人々をせこい領域に誘導していることが余計はっきりわかる。

他に行きどころがないんです。いのちをもった存在である以上、他の生きものたちもそうであったように。いずれ自分たちの身にも降りかかってくるような愚かな行為を続けてきた我々なのだから。それが放射性物質であろうが、水銀であろうが、他の有毒廃棄物であろうが、それを引き取らざるを得ないという点では同じこと。水俣でも、福島でも。そういう深いメッセージがそこにはあるように思うんです。

存在の認定

文明の中で生み出してきた「毒」をどう捉え直すか。みんな忌み嫌うでしょ、ゴミとか廃棄物とかを。でも、そういうものがどこから出てきたのか、そういうものを誰が出したのか、という話も一方にはある。医療関係のゴミ、乾電池の中の水銀、プラスチック、アルミ缶、他にもいろいろあります。

怖がるのはわかるんですよ。でも、少し考え方を変えないとね。毒物の側に立てば、勝手に作っておいて嫌われて、用済みだから出ていけというのはたまらんですよ。俺だったらそう思うな。毒から見たらどう見えるか、他の生きものから見たらどう見えるか、と考えてみる。

実際、俺も水俣に産業廃棄物処理場をつくる騒ぎがあった時に反対運動をやりました。融資をしている銀行とかに乗り込んでいって白紙撤回させたんです。それでも、一番大事なことは、人に対しても物に対しても、産業廃棄物のような毒物に対しても、まずは存在を認めるということだと思う。まずそれをやらないと。ただその存在を否定して、最初から別の箱に入れてしまうのではなく、まずは存在を認める。私たちはどこかで、物には感情も記憶も霊性もないんだと思い込んでるんじゃないか。だけどそれは危険な思い込みで、むしろ物にも、感情も記憶も霊性もあると考えた方がいい。つまり畏れの感覚をもって世界を見るということです。

例えば水俣では水銀を悪者にしてきたわけですよね。でもその水銀に対して、「申し訳なかったな、あんたらばっかり悪者にして」と、俺たちも言わないといけないんじゃないか。ずっと「臭いものに蓋」をしてきたことに対して詫びを入れる。それを俺は「存在の認定」と言うんです。

人にしたってね、水俣病患者として死んだんじゃないんだ。「おら、人間ぞ！」とみんな叫んで死んでいったんです。誰が最期に「水俣病患者として認定してくれ」なんて言うもんですか。おまえの一番言いたいことを最期に言ってみろと言われたら、「おら、人間ぞ！」と言うしかない。これは「水俣病」に限った話じゃないんです。だから俺は、問われていたのは「水俣病の認定」じゃなくて、「存在の認定」だったと言うんです。

物であろうが人であろうが、存在が求めているのは、結局、その存在が認められるということだと思う。あらゆるものに対して、その存在を認める。認めるというのは、いい悪いの話じゃないんですよ。

「存在の認定」。それは突き詰めていうと、俺の口に似合わない洒落た言葉だけど、「愛してる」ということだと思う。女房にも言ったことないけどな。

モノとコト

ＡＩにしたって、運転手のいらない自動車にしたってそうだけど、所詮、モノでしょ。この社会はとにかくモノをたくさんつくり出してきた。そのモノですべてをごまかしてきたところがあるんです。

俺は、「物事」っていう言葉をモノとコトに分けてみるんです。そうすると物事にはモノ性とコト性というふたつの側面があることがわかる。モノは現象として目に見えるから、実在しているものとして目にとまるんだけど、俺は大事なことはコト性にこそあると思ってます。水俣病事件という時にも、事件のコト性が大事だと思う。モノじゃなく、コト性にこそ本質があると。しばしば我々は他人も自分自身をも、モノでごまかしてきた。カネというものもそうでしょ。だから俺はカネじゃないんだ、と言ってきたんです。

もちろん必要性があって生まれてきたモノもたくさんある。そしてモノの中にモノガタリ（物語）が感じられた時に、モノとの対話が成り立つんですね。人から離れたモノだけじゃ感情はわかない。ＡＩのロボットとか自動車とかに、我々はそういう物語性を感じるんだろうか。俺は感じない。でも人は相変わらずそこにしがみついて、そこに希望を見つけようとしている。便利、便利って、便利なものができて、暇が増えた人はいない。忙しくなるばっかりじゃないですか。でも、人間は追い詰められないとなかなか気づけないんだな。その人間が土壇場で深く気づかされることがあるとすれば、結局、「食」を通してなんだろうと思う。

世の中のごまかしはだいたいモノに引きずられていくんですよ。みんなモノでごまかされ、ごまかしている。でも俺はなんとかモノというエサに引っかからずにここまで来て、今もコトの方にまだ心が向いているわけです。

言葉っていうのは大事ですね。東京までうたせ船で行くことになった時、石牟礼道子さんに頼んで船の名前をつけてもらった。その「日月丸《にちげつまる》」という名前にどげん意味があるのかなとずっと思っとったんだけど、自分で「日月丸」と漢字で書いてみて初めて気がついた。お日さまとお月さまが一緒になって「明」になる。単純なことなんだけど、俺は初めて気がついた。これは道子さんのメッセージだったんだ。「緒方さん、これ日と月を合わせると、明かりになるからね」って。「ああ、そうか」と。

俺は、モノ性とコト性の両面と言うけれど、もっと突き詰めて言えば、本当は分けられないんですよ、モノとコトとは。ふたつでひとつ、一体なんです。その一体の中にあるふたつの側面としてモノ性とコト性がある。そのことが「物語」っていう言葉に表われている。

物語性はコトの方にあるわけです。いろんな作品や表現がどこで変わるかというと、おそらく値がついた時なんですね。その時、コトの側面からモノの側面へと比重がうつってしまう。いつも言うんだけど、みんな自然界から泥棒しているんだけど、買い物してレジを通過して銭を払ってくるから罪の意識がない。

そうそう、俺が日月丸に乗って東京まで行く時、出航してから電話で「水俣フォーラム」の方から携帯に電話が入って、「みんなに保険を掛けましたから」って言うわけですよ。俺は笑っちゃったんだけど、「ところで、俺たちにいくら掛けたんだ」と訊き返した。そしたら「二千万」とか言ってたかな。「たった二千万か、俺は」と言って笑ったら、「じゃあ、もうちょっと上げましょうか」と。それで、「やめや、そげんこと」と言ったことを憶えてる。ま、彼らの立場もわかるけど、値段をつけた時に何かが決定的に変わるってことを冗談半分に言ったわけです。

エコパーク水俣・実生の森で

いのちはのちのいのちへ……

「いかなる思議とあいなった」という表現があるでしょ。この「思議」は理屈で構成した概念。社会的な思考による考えのことだけど、それが及ばない世界が「不思議」なんです。仏教用語では不可思議という。

思議と不思議は対極にあるんですよ、本来。俺は昔、若い頃には思議の世界で世の中をひっくり返したい、とかなんとか思ってたわけ。ところが、引き込まれたのは不思議の世界なんです。いろんな生命世界の中の不思議な世界に魅力を感じる。その世界の方がなんか安心できると思うんです。

また、ミクロとマクロというふたつの視点が必要だと思うんです。一方に、俺が漁で海に出て、仕事しながら見ている山や海の風景がある。でももうひとつ、アマモの中に小さな生きもの、稚エビやアジやタイの稚魚なんかがいっぱいいるミクロの世界がある。藻場《もば》の中の一メートル四方にひとつの世界があるわけです。そこに足で立てば、ツルンとしたハマグリがいたり、カニが動いているのが足の裏でわかる。そんなふうに世界をミクロとマクロの両方で見た方がいいと思う。

西アフリカのボラ漁のことを映像で観て素晴らしいと思いました。イルカと協同でやるこの漁は二千年くらい続いてるそうです。まず浜で祈りを捧げる。それが通じないと今度は漁師たちが山の祈祷師みたいな人のところにお願いにいく。お供え物を持って。それからしばらくすると漁が実現するわけです。イルカに対して、土地の人々が海面を叩いて信号を送る。その信号を感じとったイルカがボラを浜辺の方へ追い込んでくる。近寄ったところで漁師たちが泳ぎながら刺し網をつないで張っていく。網といっても深くない。ボラは海面を泳ぐし、飛び跳ねるから。飛び越えたりもするんだけど、引っかかるのもいるわけです。そしてそのおこぼれをイルカが食べる。

そこにはイルカと人間の信頼関係が成り立っている。あれは素晴らしい。イルカも人間も、何代、何十代ってこの関係を受け継いでるわけですよ。遠い西アフリカの漁師のことなんだけど、なんか、うちの親父が囲炉裏端で海を想像しながら考えていた光景と重なるところがあるんですよ。彼らもそうだけど、親父も海と対話していたんですね。

ああいう映像を観ると、生きるってどういうことなのか、幸せってなんなのかっていうのを、本当に考えさせられる気がするんです。おそらく、鍵は「ともに生きる」だと思う。

我々だけ生きるんじゃなくて、あれやこれやのものたちとともに生きるんだということ。ところが現代社会では自分たちだけが生きればいいという考えがのさばっていくわけです。

俺はこの前熊本で話した時に、講演の中で、七、八年前に作った句を披露した。

「いのちはのちのいのちへ、のちのちのいのちへとかけられた願いの働きに生かさるる」

普通、いのちというと、「私のいのち」のことと思っちゃう。ところがいのちなんて所有できないんですよ、ということを言ったわけです。いのちは所有するものじゃなくて、運動性そのものなんだと。生命史がこれだけ続いてきたという人間のコントロールを超えた摂理といってもいい。

本質的に所有できないものを「私のいのち」と言った瞬間におかしくなっちゃう。いつからおまえのものになったんだ、おまえは自分の正体すらわかってないのに、と言いたい。最近の若者がよく「死にたい」っていうのも同じです。死っていうのはおまえのものじゃないよ、と言いたい。まず、「私のいのち」と思ってしまうと危ない。そう思うと「私のいのち、どうしようと私の勝手でしょ」っていうところに行っちゃうぞ。そっちは危ないぞ、と。

また、「いのちはのちのいのち……」っていう句には言葉遊びが入っているんです。「いのち」という言葉の中に「のち」が入ってるのが面白いでしょ。つまり、未来が組み込まれている。

自分のいのちを、「私のモノ」とかと一緒に、「モノ」の視点で見ちゃうから、所有物になっちゃうわけでしょ。まるで土地とか家の登記みたいになっちゃう。そうじゃなくって、「コト」の視点で考えるんです。そうすると所有できなくなっちゃうんです。そう考えると理解しやすくなる。だから物事の中のコト性に注目せえよ、と俺はいつも言ってるわけです。

ただ自分を晒す

私もまたもうひとりのチッソであったということに気がついた。それと同時にね、泥棒であったということに気がついたんです。普通は、「漁業」や「漁師」っていう言葉で世の中では通ってきたわけですよ。ところが根本的な自分の存在が問われていることに気づくと、一体俺は何者なんだという問いが生まれ、そこから逆転が起きてくる。

それ以前はどっかでね、問う側の視点にいたんです。問われる側にいたことはほとんどない。それは患者、被害者っていう、いわば「安全地帯」に居たということ。自分が問われることのない安全地帯に。それに気づいたあとはよく周りにも言ったもんです。「いつまでおまえはそのぬるま湯に浸かっとるんだ、早よ出らんか」と。でも、そこから出るのがなんか怖いらしい。まあ、俺も怖かったんだけど、ね。

チッソとか権力っていう現象的な相手と闘うだけじゃなくて、実は怖さと闘うことが大事だと思う。そのために必要な訓練期間みたいな意味では、いろんな運動を経験するのも大事かもしれない。その中で自分の中の矛盾も大きくなるし、運動の中の自分の変質にも気づいたりするから。

水俣病がチッソや国や行政を問うている側だと思っていたものが、やがて水俣病は自分になんと言っているんだろうか、というふうに考えるようになったんです。三十歳くらいからそういう問いがだんだん強くなって、誰かに相談できる話じゃないもんだから、ほとんど誰にも相談しなかった。苦しみを脱《ぬ》けるまで。だんだん問いが深くなって、深く苦しくなって、唱えるように「自分とは一体何者なんだ」って自問している時は、自殺の衝動とスレスレのところでやってるもんだし、それこそテロリストの心情もよくわかった。多分、自爆だってスレスレだったんですよ、俺。

ひとりでチッソまで行って、正門の前に坐ることになった時も、最初に思いついた時は、自爆みたいな可能性もあったんだと思うんです。しかし、舟を造ったり実際に乗ったりするまでに時間があった。だから、なぜそこに行くのか、そこで何をするんだとか、いろんなことを考えることにもなった。舟ができても、すぐ行けたわけじゃなくて、「よし、行ける」って思うまでには、まだまだかかった。

笑われてもいい。誰一人にも気持ちが通じなくてもいい。誰かに何かを求めるわけではない。まさしく俺にとっては舞台だった。表現の場だったんですよ。あそこ以外にはなかった。チッソの工場の正門前しかないわけ。ただ自分を晒すだけ。見返りを求めない。反応を期待しない。

自爆しなかったのはなぜか。それはそうするのが怖いからということよりも、そうすることで何かの見返りを求めることになるのが嫌だった。何も求めずにただおのれを晒すということから外れてしまうことになる、と感じたからです。わかってもらおうとか、理解してもらおうとか、なんか返答がほしいとかって思ったら、その途端にもう〝独り〟ではなくなるわけですよ。

自分が全表現できるような場が一分でも、一秒でも実現すればいいと思った。強制排除される可能性も十分あったし、逮捕されるかもしれんし。でも、そうなるまでの一分でも一秒でもいいいから全部を晒したいと思ったんです。その他のことはもう一切、構わん。どうなろうと、石投げられようと、笑われようと構わん。そう思ったからできた。そういうふうに思えるまでに、やっぱり半年くらい時間が必要だったんですね。

俺が〝狂い〟と呼んだものは一種の悟りじゃないかって、坊さんたちからも言われるんですが、あれはある日突然起こることじゃなくて、始まりたくて仕方がないというエネルギーが溜まっていったわけです。火山の爆発じゃないけれども、マグマが噴火口を求めてるみたいな。例えば五人くらい目星つけたのがいて、その中から、「こいつなら大丈夫だろう」、「こいつは気に入った」みたいな感じで、出口を求めるそのエネルギーが俺の中からポーンと突き出てくる。そういうことだったんだと俺は思う。

そのための候補が何人かいたとしても、やっぱり選ばれないのもいると思うんです。「こいつは危なすぎる」とか、「こいつじゃもたない」とかって。じゃあ、なんで俺に来たかっていう一番の理由は、やっぱり俺が小さい時に、つまりまだ価値観に染まっていないうちに、課題を抱え始めていたから、ということじゃないか。それが大きいと思う。また、それが起こったのは年齢的にも三十二歳の時、一番エネルギーのある時期ですよね。

二十歳前後の俺は運動の中にいても、警察でもなんでも自分から喧嘩をしかけていくような性格だった。その頃っていうのは、今振り返ってみると、自分の言葉はあんまりもってなかった。うまく表現できなくてやっちゃうわけですよ。手が出るわけ。ところがだんだんいろんな表現方法があるっていうことに気がついて、それからは誰とも喧嘩しなくなった。あんなに喧嘩っぱやかった俺が、気がついてみるとそれっきりこの歳まで誰ともやってない。喧嘩する必要がなくなったんですね。自分の課題やテーマをもって、それを放棄することなく、抱えたまんま、自分の内で解いていく。こういう道に慣れてきたんでしょう。それが自分だと思うから、喧嘩相手がいらないですよね。

それ以来、喧嘩するんじゃなくて、むしろ、呼びかける、表現する、ということに変わった。いろんなことをやってきましたね。日月丸という船に乗って東京まで行くなんていう無茶なことをやったのもそうだし。真山一郎という大阪の浪曲師さんに頼んで、浪曲で「苦海浄土」をやってもらったり。浪曲ってすごいものですね。聴きながら、みんな想像力によって心踊らせるんです。そうやって、「苦海浄土」の世界を感じとる。これもひとつの表現です。

沖縄の喜納昌吉さんを呼んで埋立地でコンサートやってもらったり。その頃の喜納さんのキャッチフレーズは「すべての武器を楽器に」。ツアーで広島や長崎を回っていた。それいいなあって、水俣でもやってもらうことになった。だから俺が関わろうとしてきたのは水俣病だけに収まらないんです。

食べるということもそう。料理って限りなく深いでしょ。理屈じゃなく、子どもからお年寄りにまで伝わる。みんながその深さに気づくんですよ。その深さが人々の想像力をかきたてる。絵でもいいし、音楽でもいいし、なんでもいいと俺は思う。

俺は水俣病のことだけにこだわってないんです。どうせその話をするんなら「明るい水俣病」の話をしたい。「お笑い水俣病」なんていうのを、ほんとはやりたいんですよ。運動とか、闘いでは、相手に溝を越えてこっちに来いと言ってるようなところがあって、こっちから寄っていこう、溝を越えていこうとしない。向こうが来なければこっちから越えていこうというくらいの気持ちがないと、本物じゃない。

ともに立つ場――能「不知火」のこと

石牟礼道子さんの新作能「不知火」の水俣での上演は、二〇〇四年の八月二十八日だったかな。水俣の埋立地でやりました。室内でやるというアイディアもあったけど、俺が頑として野外でやると言った。

やっぱり演出家や役者は、外でやると言うと怖がる。雨がパラパラと降っただけで即中止。衣装が何百年も前の貴重なものだから。「緒方さん、雨が三滴降ったら中止ですよ」と言われてました。ちょうど大きな台風がそこまで来とったけど、すぐ近くまで来てから一週間くらい同じところをずっとぐるぐる回ってた。俺が念力かけて、太平洋にくぎづけにしとったんです。

前々からみんなで天気を心配するから、「天気の心配はすんな、俺が全責任をもつ」と言い切った。自分たちのやるべきことに集中してくれというつもりでそう言ったんです。人集めとか金集めとか、やることはたくさんあるのに、余計な不安が尾を引くといけないでしょ。だから、天気のことは誰かが引き受けないといけない、と思ったんです。

もともと俺は、そのイベントの代表になるつもりもなかった。先に頼まれた人たちがみんな断ったんで、俺のところに回ってきた。それで、これ以上長引かせるのはいけないと思って引き受けました。俺に任せろ、と自分で言ってしまってから考える。俺はいつもそうなんです。先にいろいろ考えてしまうと、何もできなくなるでしょ。

要するに覚悟の問題なんですよ。これは俺のいいところでもあり悪いところでもあるけど、何事においても断るための決定的な理由などないと考えるんです。探したってそんな理由は見つからない。能「不知火」も最終的には二千五百万円くらいかかった。それを元手なしで始めるんだから確かに大変です。それもみんなが不安で断った理由だったと思う。金だけじゃなくて人も集めないといけないし。でも、その時俺が大事だなと思ったのは、なぜやるのか、なぜこの場所なのかということです。どういうふうに理念をつくって意味をもたせるか。そういうことを掘り下げておかないと、天気、金、人、いろんなことが不安になってくる。

実行委員会に当たるものに「加勢《かせ》委員会」と名前をつけ、時間かけてみんなを説得しました。名前には「支援」とか、「ネットワーク」とかの言葉もあがったけど、俺はここの田舎の年寄りでもすぐにわかる言葉じゃないとダメだと言った。「加勢」と言えばみんな慣れてる。稲刈りとか、屋根の張替えとかで、大勢の手伝いが必要な時に、「今日忙しかだから、ちょっと加勢してくれ」って言う。加勢に行けば、年寄りから子どもまでみんな役割がある。

また俺はチッソにも声をかけようと提案したんです。今までの水俣のイベントの中でも唯一じゃないかな。みんなびっくりしてね。そんなことしたら他の患者団体なんかから袋叩きにされるって言う。じゃあ例えば誰から文句がくるんだって訊くと、誰も具体的には答えきれない。怖れが先に立ってるだけなんです。水俣の記者クラブでも、どうして加害者に呼びかけるのかと訊かれた。それが俺を責めるような口調だったから、一発でぎゃふんと言わせてやろうと思って、俺が『チッソは私であった』という本を出してるのはあんたらも知ってるだろ、と。「はい、読みました」って相手が答えるんで、チッソがチッソに呼びかけて何が悪いんだって言ってやった。相手は、「あー、その手があったか」という顔をしてたな。それからは誰も何も言わなくなった。

チッソに呼びかけるのにみんなで東京本社まで行きました。イベントの計画はもうスタートしてたし、他の患者団体との関係もあるから協賛はできない。でも社内メールで通知しますと言ってた。それと、本社から社員の活動を妨げることはしないという言質をとった。それからしばらくして社員が二名、加勢《かせ》委員会に入れてくださいと言ってきました。そういうことが報道されたこともあって、最終的には部長や副部長、水俣工場関係者、社員など、我々が把握しただけでも三十六、七人は来たかな。それまでは、そうやって公然と呼びかけて交流するということはなかった。そういう発想がなかったんです。スパイ活動はお互いにやったけどね。

能「不知火」をやることの意味について、俺はその場を「ともに立つ場」として設定したんです。それまで加害者・被害者の二極構造で見てきて、未だにそこから抜けきらん人がたくさんいる。それは時間をかけるしかないんです。毎日毎日、同じ立場には立てない。職業も、年齢も、生まれた時代もみんな違うんだから。しかし、一年に何回かでもいいから「ともに立つ場」を確認することはできる。

「立場」というのは普通、違いを強調する言葉です。だけど俺は、ともに立つ場というのもあるんじゃないかと思う。そうやって「立場」という言葉を読み替えたんです。例えば、どんなに仲が悪くても法事の時とか、祭りの時とか、一時的に「ともに立つ場」が伝統的にはあったでしょ。それが廃れてきてるから、能「不知火」を「ともに立つ場」として設定しようと思ったんです。

新作能「不知火」水俣奉納上演（撮影・宮本成美）

そのためには水俣の埋立地、いわば爆心地でやるということにこそ意味がある。この辺は潮が引くと肉眼でも見えるほどのヘドロだった。汚染されてぷかぷか浮いてた魚をドラム缶三千本だったかな、その中に入れてコンクリート詰めにして、その上から土をかぶせた。俺たちの気持ちとしては、この能を生命界に届けたかった。人間だけに届けたんじゃ面白くない。鳥も見聞きできる、魚にも届く、そういうものにしたいと。普通は人間と自然を分けて考えるけど、一体感を出したかった。建物の中でやると決めれば、楽にはなる。でも、それじゃ扉が全開にならない気がしたんです。部屋の内と外とに分かれてしまうでしょ。もちろん雰囲気も全然違ってしまう。

スケール感が世界観を表わすと思ってました。それがあれば、現象の見え方も変わる。今でもそう思いますよ。普段のものさしのようなものは、どっかで脱皮せなあかん。しかも脱皮は一回じゃなくて、年代ごとに何度もあると思います。運動にしても、どっかで古い尺度にしがみついとるところがあるから、歯がゆいんですよ。

能「不知火」の公演は、結局、若干の赤字が出たくらいで済んだ。で、俺はみんなに言ってやったんです。「赤字と言うな、鼻血と言え」と。鼻血が出た程度で済んだんだ、と。石牟礼道子さんはそれ聞いてケラケラ笑ってた。

水俣から福島へ――責任のとれなさに向き合う

俺は認定申請をとり下げた。でもそれは責任追及を軸にしている運動の論理からすれば困るわけです。「そんなこと言い出したら、加害者を喜ばせてしまうじゃないか」と、そう思っちゃうんですね。でも福島の原発事故があってから、俺がそれまでやってきたこと、言ってきたことを誰も否定できなくなったんじゃないかな。我々誰もが、加害性と被害性の両面をもち合わせざるを得なくなっているということがもう明らかだから。それまではどっかでね、こっちはこっちで、あっちはあっちだと思っとった。庶民が、消費者が、労働者が加害者になることはないと思い込んでいた。でも、福島をきっかけに、加害と被害が表裏一体になっている社会構造の中に自分も組み込まれていることを、否応なしに思い知らされた。

でもこれは大きいと思う。その気づきが始まったことは。

とはいえ、福島の場合は水俣に比べてもひどいですよ。被害者があれだけバッシングされて、排除されて、でもそれを受け止める社会はないし、歯止めをかける力もない。

一方、水俣とあまりに同じで呆れることもたくさんあります。東電を政府が公金支出して支えているのも水俣と同じ構造です。そりゃそうですよ。水俣を手本にしてるんだもの。問題は、どうしてこんなにも変わらないのかっていうことですよね。福島の事故の後、俺も当初、社会が脱原発の方向に行くだろうなって思った。行かざるを得ないだろうなと。それがそうはならない。その要因のひとつとして、もちろん電力会社や政府の頑なさ、貪欲さがあって、それがゴリ押しの支配を続けさせているということがあるんだけど、俺が特に問題にしたいのは、いわゆる〝大衆〟とか、〝一般消費者〟とかと呼ばれてる人たちのこと。あれはもう、〝クズ〟だと思うんですよ、俺は。きれいで純朴な民衆なんていうのはただの幻想ですよ。あと、労働組合のひどさ。「連合」とかに集まってる連中を見てください。自分たちの待遇改善要求とか、賃上げ要求とかは相変わらずやってるけど。あれを見てれば、原発事故みたいなことが起こってもなぜこうも変わらないかっていうのがわかる。

同じ民衆でも、四、五十年前はそんなことはなかった。では何が起こったのか。戦後という時代の中で欲望が拡大してきたわけだけど、欲望を掻き立てるしくみが働いてきたと思うんです。欲望を掻き立てるコマーシャルがはびこって、人間の倫理観や、抑制力みたいなものが働かなくなった。そういう意味じゃ、麻薬中毒と同じでしょ。だって、みんなして依存症の社会を作ってる。サッカーくじはやるわ、今度は公営カジノだって。パチンコだってバクチでしょ。政府が徴収するから税金って呼ぶけど、あれ、やくざがやると「みかじめ料」となる。まあ、もともと税金はみかじめ料なんだから。お寺が集めると「お布施」とかって。みんな言葉でごまかしてるんです。

異論はあるでしょうが、「民主主義」とか、「人権」とかということさえ、俺は胡散臭いと思ってるんですよ。そりゃ、できた当初は純粋さをもっていたと思う。ずっと以前はね。また、一定の必要性もわかるんです。ところが今では、その言葉の根っこというか、語源性を失った言葉になってしまったと思うんです。

裁判をやる時、弁護士には特別の言葉づかいがあって、「救済を求める権利がみなさんにはあるんですよ」っていうふうに先導するわけ。今の制度社会ではそれが普通になっちゃってるんだけど、俺から見るとそれは、保育園や小学校に入学したばっかりの子どもたちを遠足に連れていくようなもの。生活の現場に、ちゃんと連れて帰ってくるならいい。でも連れていって置き去りにしちゃうんじゃダメだろう、と。連れていったまだもん。判決が出た時点で置き去りにして、制度依存の人間をつくっちゃう。俺はそれが問題だと言っているんですよ。

「責任」という言葉も、「責任がとれる」っていう前提に立って使われている。そしてみんな他人の責任を追及したり、自己責任だって責めたり。でも俺は違うと思う。責任がとれないところにこそ、人間の罪深さがあるんだって。「責任がとれない」ことに向き合って初めて、反省が必要になるんであって、「とれる」ことを前提にしちゃった時には、銭の話にすり替えられちゃう。いくらいくらで責任がとれると金に換算されちゃう。九十パーセント以上そうですよ。それ以外には、政治家や官僚が辞表出して責任とりますっていう話も、責任がとれなくて辞表出すっていうだけの話なんです。

チッソがこの六十年の間にいろんな矛盾を重ねてきたのは、「残る」、「残す」という前提があったからですよ。「こんな悪いことをしてしまったんで、もうおれません」、「みなさんに申し訳ないし、海に対しても詫びの言葉もないから、私たちは出ていきます」、「でもせめて、チッソの全財産は地元に置いていきます」と。本当なら、こう言う以外にはなかったんですよ。これをやっていればね、罪に罪を重ねて、その都度、別の形でごまかしたりする必要はなかったわけですよ。だから余計に罪つくりを重ねてきてしまった歴史なんですよ、この六十年というのは。

嶋田さんという当時のチッソの社長が、連日連夜に渡る補償交渉の過程で、ついに救急車で運ばれて、緊急入院することになった。その時自分の側近を呼んで、遺言めいたことを言って筆記させている。それが遺稿集に載ってるんです。

チッソの責任が問われていた一九七三年のことです。嶋田さんは、社会的な責任をとらなきゃならんというんで、いくつかの提案をしてる。患者の人たちが納得するものがあればそれを実行してくれと。なかなか大胆な提案で、その中に、患者の人たちに全てを差し出すというのがある。ただそれが会社の中では通らんかもしれんから、経団連や関係方面と交渉してくれといったことを言い残してるんですよ。

だからどっかで、責任のとれなさみたいなものを意識してはいたんだなと思うんです。追い詰められて、自分じゃもう書けない状態になって、それでも重役に書きとらせながら、彼なりに責任ということに向き合おうとしていた。

その点、福島の事故のあとの東京電力なんてどうだろう。そんな素振りもないでしょ。会長と社長の首のすり替えで逃げ切ろうとしてるわけだから。まあ、会社の規模からいえば、おそらくチッソの千倍も大きいわけでしょうからね。そりゃ、一気に変わるという難しさはあると思いますよ、あれだけ巨大になれば。でも、十年後、十五年後を目指すのでもいいけど、方向は示すべきだと思うんですよ。脱原発の方向に向かって、十五年、二十年と区切りをつけて、その間にいろんな手立てを進める、というふうに。

福島だけの問題じゃない。原発の歴史は我々みんなの歴史でしょ。またなんかとんでもないことが起きそうな気がするんですよ。もう目を覚まさなくちゃ。

畏怖を取り戻す

水俣病で騒ぎになっているのと並行して、不知火海のちょうど向かい側にある御所浦島《ごしょのうらじま》で、山を丸ごと削るような採石が進められてきた。それが今、その石を沖縄の辺野古の埋立のためにもっていく計画なんです。ここの他にも瀬戸内海、鹿児島、奄美など、あっちこっちからかき集めてくるらしい。だって十メートルぐらいも積み上げて、大型艦船が横づけするような基地を作る計画なんだから、石や土が莫大にいるわけですよ。

採石自体がもう大問題なんです。だって山の天辺まで削ろうっていうんだから。おまけに土砂をとったあとの四十メートルもの深い穴に、今度はどっかの毒性の強い残渣《ざんさ》みたいなのをもってきて、二重に儲けようとしている。島の人たちはほとんどが反対で、立ち上がって声を出したんです。俺たちもこっち側で反対運動を起こした。

今のところは動きが止まっています。業者は改めて採石の許可申請を出しているらしいんだけど、恐らくこれ以上問題をこじらせんようにと、県が抑えてるのかもしれない。

あそこはね、恐竜の化石が出るところなんですよ。俺は言うんですよ、「そげんことしたら、恐竜たちの逆鱗に触れるぞ」って。沖縄の辺野古の基地建設は、一見遠く離れていて自分たちとは関係ないように見えるけど、実はもうこうして、すぐ目と鼻の先で起きてるわけです。

採石が始まったのは、俺が中学校上がった頃だから、五十年近く経ってる。ものすごくきれいな所だったんですよ、削る前は。キジが多くてね。よく漁の合間に浜に上がって昼飯食ったり、一休みしとったら、キジがすぐそばまで寄ってくる。民家がないせいか、あんまり警戒心がないんでしょう。

うちからも海の向こうに見える。外で喋ってると、天気がいい日にはダイナマイトの音がよく聞こえたりしよったもん。発破の音がして砂煙が上がるのが見える。以前、俺が苦しんでいる時には、心臓をえぐられるようで、もう一番それがきつかった。体が反応するんです。本当に肉体が削られるようで、こたえるんです。自分が苦しかったから、御所浦の人たちはなんであれをやめさせないんだろうか、といつも思っていた。

人間が、長いスパンで物事を考えきれなくなってるんだとつくづく思う。一代のことしか考えない。良くて自分一代と親たちと子どもたちの世代のことくらい。せいぜい子どもたちに介護で負担かけないように、とかと考えるくらいでしょ。

温暖化による海への影響は大きいです。水温自体が上がってますから。やっぱりとれる魚が減ってることは確か。イワシとか餌になるような魚が少なくなった。特にこの数年はひどかった。一時は牡蠣も海藻もほとんどなくなっちゃったんです。海水温が上がる、藻場が少なくなって稚魚が育つところが極端に少なくなる。魚が少なくなってきているのに、どんどんハイテク化して魚を捕りすぎる。

昔は、正月にはあそこのエビスさんに焼酎や餅とかお供え物を持っていきよった。夜明けを待って、争うように行きよったもんです。でも今じゃもう誰も行かんもん。船に旗も揚げなくなったなあ。俺は日の丸は揚げたことないけど、他の人は正月には日の丸や大漁旗を揚げて、飾りをいろいろして、必ずエビスさんのところへ行きよったんです。もう誰も行かんもんなあ。

エビスさんよりデータを信仰してるんですよ。魚群探知機とか、ソナーとか、情報ネットワークとか、そっちに信を置いちゃってるから。俺だけはガラケーだけど、みんなスマホですよ。

みんな機械を使うのがうまくなってる。魚群探知機で目標物との距離を測ったり、潮の速度を出したりして。ソナーも昔の潜水艦よりすごいんだから。俺は船にそういう機能があっても使えない。俺は文明からとり残されてる。そりゃ、そういうのを使う方がやっぱり捕れるでしょ。だって正確な情報で計算して網入れるんだから。でもそうすると捕りすぎることになる。

俺の場合、何日か続けてよく捕れる日が続くと怖くなるんです。なんか試されているんじゃないかという思いがする。こいつは黙っておけばどこまでのぼせ上がって欲を出すのか、と。漁師はシケで船が転覆したりする事故で死ぬこともあるけれど、捕れすぎて死ぬこともあるんですよ。たくさん捕るのも大変だけど、それを引き揚げるのも大変。その時は心臓がものすごく動くわけですよ。それで亡くなる人も中にはいるんです。

だってイヲを捕るっていうこと自体、生きもののいのちを奪るということだから。だか

海の護岸用の石を、野仏に

ら怖い。それは農業だっていのちを奪ってるわけだけど、魚は動くものだから、一層怖い。だけん昔は、たくさん捕れた時には近所に分けよったもんです。何軒も先まで配って、みんなで分けて、みんなで喜ぶ。みんなで感謝して分かち合うということが、怖れを和らげる。こういう予防線を引くような働きがあったんじゃないかなと思う。

俺が小さい時は、イワシとかいっぱい捕れたりしたら二十軒ぐらいは配って歩いたもん。そういうのが、今はあんまりない。俺はやっぱり親戚が多いから、あっち持っていったり、こっち持っていったりするけど、村全体で見れば、そういうのは昔に比べれば十分の一もないでしょう。

昔と違って、今の漁師たちは商品価値でものを見てるもんだから、捕れた魚は商品になっちゃう。確かにみんな昔より値段を気にして仕事をしている。タチウオは今日はいくらしとるとか、どこが値段がいいか、とかね。値段のよかうちにと思って、多少無理してでもシケ日和でも出ていくことになる。値段に動かされてるわけです。

俺は自分に言い聞かせてるところがあるんです。最大の価値を、無事に帰ってくることに置く。それより優先するものはないんだというふうに思ってるから、あんまり欲も出ないし、踊らされないですむ。その感覚が大事だと思います。それを失ったら、おしまい。

俺はそれが霊性というものだと思うんです。ところが、船が大きくなってエンジンも大きくなり、いろんな機械仕掛けがついてくるとね、だんだんその霊性が薄れてくるんでしょう。そうなると、人間は生意気になる。

神の体と書いて、「神体性」というのがあるとすると、人間がその神体性を失くしていってるんだろうなって思うんです。どんどん機械化されてきてしまった。情報とかに振り回されないようにした方がいい。一応耳には入れても、自分の判断や自分の感覚を大切にする。そうしないと、人間、オロオロしちゃうんです。「どこで誰が何を捕った」とか、「値段はいくらか」とかと右往左往して。

機械や情報に頼る。そこで人の力が必要なくなったんですよ。体の力も、心の力も。手漕ぎの頃なんて漁師の体力はそら、ものすごかったですよ。うちの親父たちなんか。それに勘も精神力も我慢強さもすごかった。今の漁師の能力はおそらく昔の人たちの五分の一くらいしかないんじゃないかな。機械がひとつ壊れりゃ漁に出ないんだから。

霊性も神体性も体力も失ってきた。それでも全部失くなったわけじゃない。ゼロになったわけじゃないとは思うんです。だから諦めずに、そこからまた少しずつやっていくしかないんです。

新作能「不知火」開演前の風景（撮影・芥川仁）

水俣病事件とは

●背景・原因　一九三二年、日本窒素肥料（現・チッソ／JNC）は、ビニールやプラスチック等、多くの化学工業製品の原料になるアセトアルデヒドの生産を開始。製造過程で産出される有毒な有機水銀（メチル水銀）を、未処理のまま百間港から水俣湾に放流し始めた。有機水銀は、プランクトンや魚介類に取り込まれ、食物連鎖により生物濃縮を起こす。一九五〇年代に入ると、湾の海藻が育たなくなり、魚やカラス、猫の変死が続いた。一九五三年、当時五歳の女児が水俣市出月で発病（水俣病患者第一号）。一九五六年、水俣病が公式確認されるが、熊本県や国は廃水規制等の措置を講じず放置し、被害は拡大。一九五九年、チッソは工場廃液の猫への投与実験で、水俣病の発症原因を知りながら公表せず、患者・家族と「見舞金契約」を交わし、責任と補償を回避した。

●見舞金契約　一九五九年十二月三十日、水俣病患者・家族とチッソの間で結ばれた契約。チッソが水俣病の責任を認めないまま、補償金ではなく「見舞金」を支払うとした。「見舞金」は、水俣病の死亡者に三十万円、生存者年金（成人十万円、未成年三万円）、葬祭料二万円等、患者らの困窮に乗じて不当に低い金額で、「契約」には、今後チッソに原因があると分かっても補償金を一切要求しないことも盛り込まれた。一九七三年の裁判で「契約」は公序良俗に反すると無効になるが、政府による公害認定を受ける一九六八年まで、チッソはアセトアルデヒドの生産を続けた。

●症状と余波　水俣病は、有機水銀に汚染された魚や貝を摂取することにより、主に脳の中枢神経系を侵し、手足のしびれ、ふるえ、脱力、運動失調、視野狭窄、言語障害、難聴等の症状を引き起こす。意識不明でけいれんを起こして死亡する重症例もあった。母親の胎内で有機水銀に侵され、障害をもった子どもが生まれる胎児性水俣病も発生した。社会的には、水俣病発生当初は伝染病が疑われ、発病者やその家族、水俣出身者は差別やいじめの対象になった。汚染は水俣湾から対岸の島々まで不知火海全体に及び、水俣病患者は熊本県や鹿児島県だけで数万人いると推測される。一九六五年には、新潟県の阿賀野川流域で昭和電工が流した廃水により第二の水俣病が発生。一九七〇年代にはカナダや中国、南米でも水銀汚染事件が起きた。

●胎児性水俣病　妊娠中の母親が汚染魚介類を摂取したことにより、水銀が胎盤を通り、胎児にも水俣病を発症させた。脳の発育不十分や神経細胞の破壊で、生まれた子どもには、首がすわらない、歩行困難、けいれん、よだれを流す等、感覚障害や運動失調の症状が現れた。重症の場合は幼くして寝たきりになり死亡した。「毒物は胎盤を通らない」がかつての通説だったが、それが覆された。

●責任と補償　一九七三年、水俣病第一次訴訟でチッソの不法行為と賠償責任が確定。水俣病患者への補償が始まると、国や熊本県は被害の実態を無視した厳しい認定基準を設け、患者・家族の救済を怠った。一九七七年、熊本県は水俣湾海底の水銀ヘドロの埋立て工事を開始。十四年の工期と約四百八十五億円の費用をかけ、一九九〇年、東京ドーム十三・五個分の巨大な埋立地「エコパーク水俣」を完成させた。一九九五年、政府が未認定患者の救済策を決定。主な患者団体はこれを受け入れた。二〇〇四年、最高裁は国と熊本県の行政責任を明確に認めた。

●チッソ株式会社　創業者・野口遵《したがう》（一八七三－一九四四）が、一九〇六年、電力会社・曾木電気を創立。鹿児島県に水力発電所を建設し、余剰電力でカーバイド（化学肥料や化学製品の原料）を製造するため、一九〇七年に日本カーバイド商会を設立。水俣に工場を設けた。一九〇八年、二社を合併。日本窒素肥料を発足した。日窒《にっちつ》コンツェルンの中心会社として日本窒素肥料は、化学肥料・化学製品の原料生産技術と、第一次世界大戦による火薬原料の需要拡大等から、日窒コンツェルンは財閥に成長。一九二七年には朝鮮窒素肥料を設立し、当時世界最大規模の化学コンビナートを建設。第二次世界大戦後、財閥解体で日窒コンツェルンは解散するが、空襲で壊滅状態となった水俣工場を拠点に、化学肥料や塩化ビニール等、化学製品の製造に着手。一九五〇年、新日本窒素肥料として本社を東京都千代田区へ移転し、一九六五年、チッソへ改称。だが一九六〇年代からの経営難は、水俣病補償協定や第一次オイルショック等でさらに悪化。一九七八年、債務超過により上場廃止、熊本県債を軸とする公的融資が決定した。二〇一一年、水俣病補償を専業とするチッソと、事業を継続するJNCに分社化。チッソは事実上国の管理下にあり、水俣工場は現在もJNCの水俣製造所として操業している。旭化成、積水化学工業、積水ハウス、信越化学工業などの母体企業でもある。

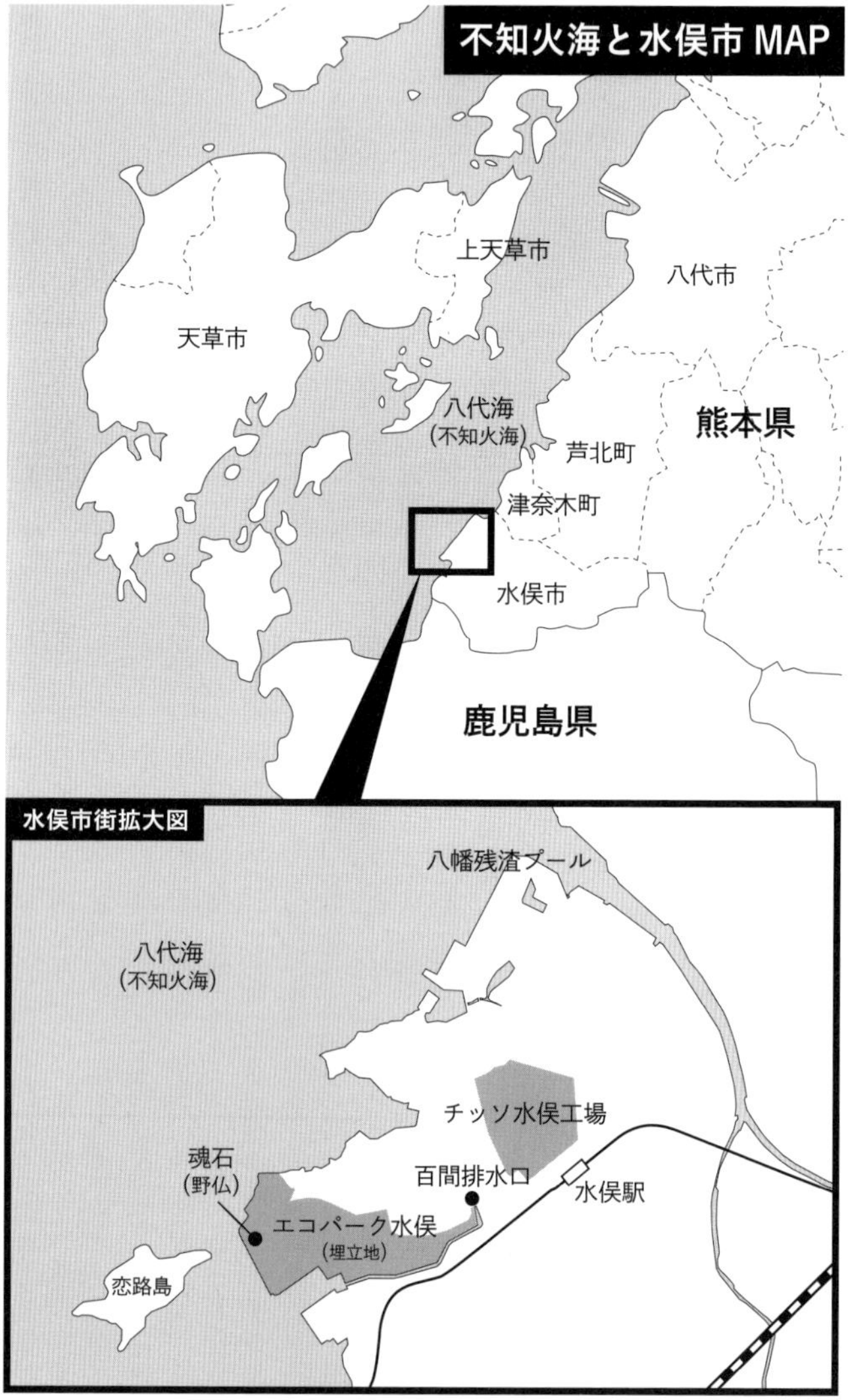

不知火海と水俣市 MAP
上天草市
八代市
天草市
八代海
（不知火海）
熊本県
芦北町
津奈木町
水俣市
鹿児島県
水俣市街拡大図
八幡残渣プール
八代海
（不知火海）
チッソ水俣工場
魂石
（野仏）
百間排水口
水俣駅
エコパーク水俣
（埋立地）
恋路島

緒方正人「水俣病事件」私史 （太字は緒方正人の個人史）

二万数千年前 旧石器時代から、水俣市石飛に人々の暮らしがあったことが確認されている。
一八八九年……水俣村制施行（人口およそ一万二千人）。
一九〇五年 日露戦争の戦費調達と国内の塩業保護育成のため、国による塩の専売制が始まる（一九九七年に廃止）。生産性の低い塩田は廃止され、埋立地に。
一九〇六年 チッソの創業者野口遵《したがう》が、鹿児島県に曾木電気を設立。
一九〇八年 水俣に日本窒素肥料株式会社発足。
一九一〇年 塩業整備に関する法律の施行により、水俣の製塩業廃止。
一九一四年－一八年 第一次世界大戦。
一九二七年 朝鮮窒素肥料を設立。
一九三一年 昭和天皇、日窒水俣工場を行幸。
一九三二年 日窒水俣工場で、アセトアルデヒドの生産開始。水俣病の原因物質である有機水銀（メチル水銀）を含む工場廃水を百間港から水俣湾に放出開始。
一九三九年－四五年 第二次世界大戦。終戦後、財閥解体、農地改革。
一九五〇年 日窒、企業再建整備法に基づき、新日本窒素肥料株式会社（新日窒）として再発足。

一九五〇年－五三年　朝鮮戦争。

一九五一年　サンフランシスコ平和条約・日米安全保障条約調印。

一九五三年　水俣湾周辺で魚やカラス、猫が変死。

十一月八日、熊本県芦北町女島で緒方正人出生。網元の父・福松の十八人目の末っ子として。

十二月、水俣市出月の五歳の女児が発病し、後に水俣病患者第一号と判明。

一九五六年　五月一日、新日窒付属病院長が、原因不明の脳症状を呈する患者の発生を水俣保健所に報告。いわゆる水俣病の公式確認。

七月、『経済白書』、「もはや戦後ではない」と宣言。

十一月、熊本大学研究班が、原因物質として重金属、人体への侵入経路は魚介類、汚染源として新日窒水俣工場の廃水が疑われると報告。

一九五七年　四月、水俣保健所長の実験で、水俣湾の魚を投与した猫発症。

一九五八年　九月、新日窒水俣工場、アセトアルデヒド排水経路を、百間港から八幡プールへ変更。水俣川河口へ放流。水俣川河口でも発症者相次ぐ。

一九五九年　七月、熊本大学研究班、有機水銀説を公式発表。

九月、正人六歳の時、父・福松が水俣病を発症。

十月、新日窒附属病院長、水俣工場の廃液を猫に投与し、水俣病の発症を確認。

十一月二十七日、父・福松、水俣市立病院で死去。

十二月、「水俣病患者家庭互助会」と新日窒、「見舞金契約」を結ぶ。

一九六〇年 池田勇人内閣、「所得倍増計画」を閣議決定。十年間で国民所得を二倍にすると宣言。

一九六二年 胎児性水俣病、初めて認定される。

レイチェル・カーソン『沈黙の春』出版（日本版は一九六四年刊）。

一九六四年 第十八回東京オリンピック開催。

一九六五年 新日窒、チッソ株式会社へと社名変更。五月、新潟水俣病発生の公式確認。

一九六七年 六月、新潟水俣病患者が昭和電工を相手どり、新潟地裁に提訴。全国初の公害裁判。

公害対策基本法公布。水俣病、第二水俣病（新潟水俣病）、四日市ぜんそく、イタイイタイ病の発生を受け、制定。

一九六八年 五月、チッソ水俣工場、アセトアルデヒド製造を中止。

九月、水俣病はチッソ工場の廃水が原因で起きた公害病であると政府が認定。

一九六九年 石牟礼道子『苦海浄土――わが水俣病』講談社から出版。

中学を卒業後、しばらくして家出。熊本で右翼団体の構成員に。

六月、「水俣病患者家庭互助会訴訟派」二十九世帯百十二人、チッソに対し損害賠償請求訴訟を熊本地裁に提訴（水俣病第一次訴訟）。

一九七〇年 チッソ株主総会に、患者・支援者およそ千人が一株株主として参加、責任を追及。

一九七一年 **学生運動のデモ隊に突っ込み、逮捕され拘留、鑑別所へ。後に帰郷。**

一九七二年 五月十五日、沖縄返還

六月、ストックホルムで国連人間環境会議が開かれ、浜元二徳、坂本しのぶらが参加。水

保病の現状を世界に訴える。

一九七三年 三月、熊本地裁で、水俣病第一次訴訟判決、原告の勝訴が確定。

七月、水俣病患者各派、チッソと補償協定に調印。

一九七四年 一月、水俣湾で汚染魚を封じ込める仕切網の設置作業開始。

四月、水俣病センター相思社設立。

水俣病の認定申請を行う。発足したばかりの水俣病認定申請患者協議会（申請協）に入会。

十月、有吉佐和子『複合汚染』、朝日新聞紙上で連載開始。

一九七五年 申請協の副会長に就任。

九月二十五日、熊本県議の「ニセ患者」発言に抗議するため県議会へ。

十月七日、抗議行動により、逮捕。後に有罪判決を受ける。

一九七七年 五月、小中学校の同級生さわ子と結婚。

十月、水俣湾のヘドロ処理作業を開始。

一九七九年 三月、チッソ刑事裁判にて、熊本地裁、チッソ元社長らに有罪判決。

一九八一年 申請協の会長に就任。

一九八五年 九月、「認定申請」「補償要求」運動の限界を感じ、申請協の会長を辞す。その後三か月間、自ら〝狂い〟と呼ぶ精神的試練を経験。〝狂い〟から明けた十二月二十七日、水俣病患者の認定申請をとり下げる。

一九八六年 一月、チッソに「問いかけの書」を渡す。

一九八七年　バブル景気。
五月、木造の「常世の舟」完成。十一日、舟下ろしのお祝い。
十二月七日、「常世の舟」を水俣湾まで漕ぎ、チッソ水俣工場正門前で〝身を晒す〟坐り込みを開始。以後、週に一度実行。

一九八八年　五月、チッソ前での坐り込みを終える。
八月、娘の真美子、海で死去。

一九八九年　東西ベルリンの壁崩壊。

一九九〇年　二月、水俣湾の水銀ヘドロの埋立工事終了。「エコパーク水俣」完成。
七月、埋立地で計画中の「一万人コンサート」に対する「意志の書」を、熊本県知事と水俣市長に宛てて妻のさわ子とともに発す。

一九九三年　一月、水俣市立水俣病資料館が開館。

一九九四年　三月、「埋立地に野仏を」と、患者有志で「本願の書」を発表。
五月、水俣市長、埋立地で開かれた水俣病犠牲者慰霊式で、市長として初の陳謝。

一九九五年　一月十七日、阪神・淡路大震災発生。
一月二十九日、「本願の会」発足。
三月、沖縄へ。宮古島の御嶽巡りの旅。
七月、喜納昌吉とチャンプルーズを招き、埋立地でコンサート。
十月、未認定患者五団体が、水俣病未認定患者救済の政府最終解決案を受諾。

十一月、ドイツ、ポーランドへ旅行。ナチスの強制収容所アウシュビッツ跡を訪ねる。

一九九六年　一月一日、芦北の自宅から水俣の埋立地まで、およそ二十キロの山道を徒歩で踏破。四月まで、毎月朔日《ついたち》の日にこれを実行。
八月六日、うたせ船「日月丸」を東京品川で開催される「水俣・東京展」に展示するため、総勢五名の乗組員で水俣湾を出航。十三日間、千五百キロの過酷な航海を経て、到着。
九月二十八日〜十月十三日、「水俣・東京展」開催。

一九九七年　七月、熊本県知事が水俣湾の安全宣言。翌月から仕切網を撤去。
十月、「水俣・東京展」実行委員を中心に、「水俣フォーラム」が発足。

二〇〇一年　九月十一日、アメリカ同時多発テロ事件発生。

二〇〇四年　**石牟礼道子・新作能「不知火」の水俣奉納する会代表に。**
八月二十八日、水俣湾の埋立地で奉納上演。
十月、チッソ水俣病関西訴訟で最高裁が国と熊本県の行政責任を認める。

二〇一一年　一月、チッソの事業部門を引き継ぐ子会社「ＪＮＣ株式会社」設立。
三月十一日、東日本大震災発生。福島第一原子力発電所、炉心溶融などの重大事故。

二〇一三年　十月、平成天皇、皇后が初めて水俣市を訪れ、水俣病患者と面会。

二〇一八年　二月十日、石牟礼道子死去。
五月、チッソ社長、「救済は終わっている」と発言。批判を受け発言を撤回、おわび。
十二月、「本願の会」の機関誌『魂うつれ』、終刊。

344頁から352頁までの資料は、SOKEIパブリッシング編集部にて作成。

○参考文献

・『水俣学ブックレットシリーズ16「水俣病を学ぶ、水俣の歩き方」』熊本学園大学水俣学研究センター（熊本日日新聞社）

・『歴史総合パートナーズ7　3・11後の水俣/MINAMATA』小川輝光（清水書院）

・『沈黙と爆発 ドキュメント「水俣病事件」』後藤孝典（集英社）

・『8のテーマで読む水俣病』高峰武（弦書房）

○参考ウェブサイト

・一般財団法人水俣病センター相思社
水俣病関連詳細年表 http://www.soshisha.org/jp/about_md/chronological_table

・水俣市立水俣病資料館
水俣病関係年表 https://minamata195651.jp/pdf/nenpyou_all
水俣病とわたしたち ～公害や環境を学習するこどもたちのために～
https://minamata195651.jp/pdf/minamata_watashitati.pdf

・熊本学園大学水俣学研究センター
水俣学アーカイブ 水俣の歴史年表
http://www3.kumagaku.ac.jp/minamata/marchives/chronology/

・水俣市役所 経済観光課 みなまた観光情報「でかくっか水俣」
https://www.go-minamata.jp/

・チッソ株式会社 http://www.chisso.co.jp/

・JNC株式会社 https://www.jnc-corp.co.jp/

解説

中村　寛

大学で学生たちと一緒によくこの本を読む。少なからぬ若者がこの本に感銘をうけ、強く揺さぶられているのがわかる。私自身、なんど読みなおしても、緒方正人の記憶の再生力に驚かされ、気風《きっぷ》のよい語り口に魅了される。そこでは、水俣病が語られながらも病のことだけにとどまらず、海を含めた水俣という地域がとらえられている。また、水俣というローカルに立ちながら、資本主義による世界の歪みと地球上の生態への影響が感得されている。きわめて私的でありながら、自己語りにならず社会史的である。泣き叫びたくなるほど切実でありながら、ぎりぎりのところでユーモアがある。真摯でありながら、純潔さや生真面目さからはほど遠く、揺らぎがあって猥雑である。そして、たたかう姿勢がありながら同時に、「敵」や「毒」をも抱きしめるしなやかさとあそびがある。緒方の語りの魅力は、このダイナミズムと振れ幅にあると思う。

そしてその語りは、人類学者の辻信一を触媒にしてこそ成立しえたものだ。聞き役が誰でもよかったわけではない。辻もまた、アカデミアに半身をおきながら、「世間師」のように旅を重ね、鶴見俊輔やデヴィッド・スズキ、そして先住民の智者たちと出会い、もう一方の半身を変革のための実践の場に投入していく。そのようなブレのある身体の辻だからこそ、緒方とのあいだに共鳴が起きたのではないだろうか。

私がはじめて本書の九六年版を手にとったのは、二〇〇〇年頃のことだ。辻信一の思想が結実した『スロー・イズ・ビューティフル――遅さとしての文化』（平凡社、一九九二、のちに平凡社ライブラリー）と、彼の翻訳書『ボディ・サイレント――病いと障害の人類学』（ロバート・マーフィ著、辻信一訳、新宿書房、一九九二、のちに平凡社ライブラリー）とともに、彼の主著として読んだ。この三冊は、いずれも内容とテーマは異なるが、根幹にあるのは身体である。とはいえ、身体について論じられているというよりは、身体が通低音のように基礎をなし、全体を通じて図らずも主題化されている、というほうが近いだろうか。

その後、私はニューヨーク市ハーレムに二年間滞在し、おもにアフリカン・アメリカンのムスリムたちのもとでフィールドワークをおこなった。「九・一一同時多発テロ」の約一年後からのことで、ブッシュ政権下のもと、「愛国法」が通過し、「テロとの戦い」が打ちだされ、社会全体が「異物」へのヒステリックな反応から抜けだせずにいた。ニューヨーク市内のモスクも秘密捜査官の潜入がうわさされ、主要駅や通りには軍人が配備され、街全体がピリピリしていた。ハーレム自体は比較的落ちついていたが、一九九〇年代からのアフリカ系新移民の急増や、加速する再開発とジェントリフィケーションをうけ、人口構成が変わりつつあった。そして、二〇〇三年春、アメリカはイラク戦争へと踏みきった。

二〇〇四年秋、フィールドワークをおえて日本に戻ってきた私は、あらためて本書を手にとった。そのときは、緒方の声が最初よりもずっと深く身体に入ってきた。奇妙に聞こえるかもしれないが、ハーレムで出会ったアフリカ系アメリカ人ムスリムたちのうち、幾人かの路上の闘士や智者たちの姿が、緒方の語りに重なったのだ。しかし、なにがどのように重なったのだろうか。水俣とハーレムとは、まったく別の地域で、そこにいる人びとの言葉も所作も、背負っている歴史も違うはずなのに。

ハーレムでのフィールドノーツやメモを整理しつつも、身体は落ちつかず、集中できない日々を過ごした。なんとか博士論文を書きおえたあと、私はあてもなく水俣を訪れた。大牟田の炭鉱跡をめぐってから水俣に移動し、駅前のチッソ工場を見た。自転車を借りて埋立地にも行った。ひどく平らな公園の奥に美しい海がひろがっていた。そしてそこが、「エコパーク」と呼ばれていることをはじめて知った。下にはヘドロがあるはずなのに。曇空のもと、子どもたちが元気よくサッカーをしていた。その旅に明確な目的があるはずはなく、ただ土地の風景、肌触り、匂いを身体に入れたかったのだと思う。夜になってふらりと立ち寄った居酒屋で、地元の新玉ねぎを肴に酒を呑んだ。レジ横に数多くキープされたボトルをなにげなく見ると、「チッソ〇〇様」のタグばかりが目についた。昼間、相思社の水俣病歴史考証館に向かう途中のタクシー運転手の語りがよみがえった。「姉が水俣病だったんですよ。でも兄貴はチッソで働いてた」――たしか、そのようなことを言ったと記憶している。不覚にもこの日の記録を残していない。しかし、関東の学校教科書で習う「被害者住民」と「加害者チッソ」という構図におさまりきらない現実があった。ひとつの地域、家族、身体のうちに両者が混在し、分かちがたく結びついていた。そんなあたりまえのことにさえ、私は気がつかないでいた。

水俣を訪れたあとも疑問は残った。緒方正人とストリートの智者との共通点はなんだろうか。たとえば、アリ（仮名）という、ハーレム出身のアフリカン・アメリカンの男性。幼い頃から彼は、まだスラム街の匂いが強く残るストリートで処世術を身につけた。人種差別、ストリートの抗争、警察による残虐行為、法の力、資本主義体制下の自由競争と社会階層化など、数々の有形無形の暴力のうちにあって、闘って生き延びる術をたたきこまれて育った。多くのアフリカン・アメリカン・ムスリムと同様、彼は名前をかえ、信仰をかえ、あいさつの言葉やジェスチャーをかえる。しかし、やがて周囲のムスリムたちとは一線を画す独自の道をあゆみはじめる。アメリカ人でありながら英語を嫌い、ムスリムでありながらモスクに集うことを拒否した。教団を離れ、礼拝のかわりに武術訓練を積み、ヴィーガン食に切りかえ、道場をひらき、生徒を指導し、自己鍛錬を繰りかえした。他人にも自分にも厳しく、頑なに戦闘姿勢をつらぬいた。やがて日本語と日本の文化に関心を示し、日本の歴史のうちに「隠された黒人たちの歴史」を見いだす。そして、「坂上田村麻呂は黒人だった」と主張するにいたる（拙著『残響のハーレム——ストリートに生きるムスリムたちの声』共和国、二〇一五、第二章参照）。

表面的にはなんの重なりもないはずの緒方とアリだが、凄惨な暴力と社会的痛苦が両者の身体をつらぬいている。近代化の流れのなかで戦争と侵略があり、それにともなう国家・資本戦略として水俣でアセトアルデヒドが製造され、その過程で有機水銀が生みだされて放置された。そして、それが魚や猫や人を殺し、痛めつけた。同様に、ヨーロッパ諸国は、国家・資本戦略に基づき、複数の先住民たちが暮らすアメリカ大陸を侵略・殲滅・征服し、つづけて労働力確保のために大西洋奴隷貿易と奴隷制を確立する。その過程で副産物として生みだされた人種差別は、「白人」や「黒人」といった人種カテゴリーを捏造し、「人間」として主権化された前者は、後者を殺したり痛めつけたりした。公害と人種差別――一見まったく異なる両者には、侵略戦争と経済成長とが深くかかわっている。そして両方とも、「人間」にしか可能でない暴力の形態である。

いまひとつの緒方とアリの共通性は、二人とも凄まじい情熱と受苦を身体に宿しながら、不屈の精神で闘争の運動から離脱し、個として独自の道をあゆんでいる点だ。それは孤独な道に違いない。しかし、けっして孤高でも個人主義でもない。孤絶しつつもそれを支える近しい人やコミュニティがある。そして、二人の語りには「他者」の魂が入っている。二人は、自ら語ることができない弱者や死者をうちに抱え、その声を代弁するかのように語りを紡ぐのだ。

たとえば緒方は語る。「水俣病患者として死んだんじゃないんだ、『おら、人間ぞ!』とみんな叫んで死んでいったんです。誰が最期に『水俣病患者として認定してくれ』なんて言うもんですか」と(本書四章、三〇九頁より)。あるいは、こんなふうに書く。「この事件は、人が人を人と思わなくなった時から始まった。(中略)そして、この自然界に何ら逆らわず、自然のおきてに従って暮して来たこの地の人は、のたうち回り、あのケイレンとうめき声の姿は自然な人間の最後の叫びであった」(本書一四八頁「問いかけの書」より)。

緒方のいう人間は逆説的である。「人間」として扱われなかったがゆえに、かえって人間であろうとする。そしてそれは、愛していた父の最期の叫び、それに連なるいくつもの叫びを聞かざるをえなかった緒方による渾身の表現である。一方的に生みだされた毒とともに、一方的に殺された死者たちまでもが、しかるべく処理され、埋められ、おわったことにされるなら、どこまでもおなじ問いを発しつづけよう。「おら、人間ぞ！　はたしてあなたは？」と。そう問うことで緒方は、死者とともにあろうとする。

死者とともにあること、喪失や病や痛苦とともに生きることは、どのような生の在り方だろうか。自ら語ることができない病者や弱者、死者たちの、言葉にならない声、不定形の想念に触れてしまった身体は、どのような処生をなすのだろうか。

緒方もあるいたヨーロッパで、ナチス政権下の陰惨を生き延びた詩人であるパウル・ツェランは、「アウシュヴィッツ以降、詩を書くことは野蛮である」（『プリズメン――文化批判と社会』渡辺祐邦・三原弟平訳、ちくま学芸文庫、一九九六）としたテオドール・アドルノに応答するかのようにして、次のような詩句を遺している。

あなたの眼の泉のなか
荒れ狂う海の漁師たちの網がある
あなたの眼の泉のなか
海は約束をまもる

ここ、人間たちのあいだに
いまだ残る魂として
僕は纏《まとい》とまばゆき誓いを脱ぎ捨てる

漆黒のうちで黒くなるにつれ、僕はもっとむきだしになる
裏切者には違いない、けれども僕は誠実たらんとする
僕が僕であろうとするとき、僕はあなただ

あなたの眼の泉のなか
僕は漂い、戦利品を夢見る

網は網をとらえ
僕たちは抱き合ったままに孤絶する

あなたの眼の泉のなか
絞首された者がその縄を縊《くび》る

——パウル・ツェラン「常世を讃えて」＊

アドルノの批判は、過剰として経験されたはずの暴力を飼いならし、商品にすらしてしまう文化表現に向けられていた。むきだしの暴力のあと、痛苦のにじむ表現をとることは、たしかに野蛮かもしれない。アウシュヴィッツ以降も、奴隷制と人種差別以降も、水俣病事件以降も。緒方は、しかし、それでも表現ということに重きをおく。責任論のなかで正義を掲げることの美しさと陶酔を手放し、「裏切者」として存在論に身をゆだねる。野蛮さを引きうけることでしか、見てしまったことがらを表わしだすことに誠実たりえないのだ。

存在への暴力を縮減できないばかりかますます増大させていくようにみえる現代において、緒方の生き方、その存在論からえられることは大きい。単純な意味での教訓や美談ではない。しかし、生きられた歴史、身体化された歴史であることは間違いない。そしてそこには、「水俣の壮絶な悲劇」があるのではなく、許しえないもの、和解しえないものをまえに、ひとりの人間がどのようにしてそれに向きあったのか、どのように人間であろうとしたのかが読みとれるように思う。

長く、じっくりと、読まれつづけてほしい。ブルースとおなじく、ある種のテーマは、歌いつがれないといけないのだから。

（文化人類学者／多摩美術大学准教授）

二〇二〇年二月

＊ Paul Celan, "Lob der Ferne" より。訳出にあたり、英語版 *Selected Poems and Prose of Paul Celan*, translated by John Felstiner, W. W. Norton, 2000 を参考にした。詩の解釈と背景にある議論は、Valentine E. Daniel, *Charred Lullabies: Chapters in an Anthropography of Violence*, Princeton, N.J.: Princeton University Press, 1996 を参照。

あとがき　緒方正人の言葉

珍しく緒方正人がカナダにいるぼくに電話してきた。去年の大晦日の朝のことだ。彼の声がいつになく弾んでいる。天候や健康についての他愛のない話の後、彼は、ぼくがクリスマスに送ったアメリカ先住民《インディアン》女性のポートレートのカレンダーについて礼を述べる。形式にこだわらないいつもの彼らしくないぞ、どうも変だ、と思っているうちに、「じゃあ、いい年を」とか、「奥さんにもよろしく」とかの交換になって、会話は早々と終わりそうな雰囲気。そこでちょっとした沈黙があり、やがて彼がとってつけたような感じでこう言った。「埋立地まで歩こうと思って」。

あわを食っているぼくに、彼は少しはにかんだような丁寧な標準語で説明した。女島の自宅から水俣湾の埋立地まで、五時間の道を歩いてみようと思う。長い間考えてきたことなのだが、さる十一月にヨーロッパへ行きアウシュビッツなどを訪れた時にずいぶん歩き回って、やっと自分のからだに自信ができた。月に一度ただただ歩いてみたい。いよいよ新年を期して始めることにした。初日の出を埋立地で拝めればそれでいい……。

ぼくは聞き書きを通じて彼の四十余年の人生を辿ってきた。その仕事を間もなく完了しようとするぼくの目の前で、思いがけず、今新しい一章が開かれようとしているのだった。「いやまた、それはめでたいなあ」とぼくは言ったが、それは図らずも頓狂な声になってしまった。そして受話器をおいた後もぼくの興奮は容易に冷めなかった。カナダと日本の間の時差を差し引いてみると、もう間もなく彼が歩き始める時間だった。

聞き書きは一応終わったが、彼との出会いの意味が本当にぼくのうちで生き始めるのはこれからだ。このことを、ぼくはまるで手にとってみるように実感していた。一方、彼の闘いは螺旋《らせん》を描くように続いていく。それはぼくを深く揺さぶり、励ましていくことだろう。わくわくするような楽しい予感だ。

緒方正人との出会いの不思議さには、やはり、彼が大事にしている「縁」という言葉が一番似合っている。ぼくを彼に引き合わせてくれたのは福岡県のある被差別部落の人々だった。それはほんの二年前のこと。ぼくは水俣という世界中にその名を知られた街に足を踏み入れる前に、女島という小さな半島にある沖という漁村を訪ねることになった。そして同じように、水俣病問題を経由しないで直接緒方という人間に会った。言い換えれば、ぼくは水俣病問題の中で彼に出会うかわりに、彼を通して水俣病に出会ったわけだ。これらの縁のかたちはぼくにとって少なからぬ意味をもっている。

初対面の時、ぼくは水俣病問題についての自分の無知を詫びたが、彼は表情ひとつ変えずに「俺は知識というものにあまり重きをおいてませんから」と言った。しかし、その後いよいよ聞き書きを始めることになり、水俣病事件という日本現代史に特筆されるべき出来事の核心にいきなり触れるにいたって、あらためて、自分のような門外漢が果たして聞き手としてふさわしいかという疑問にとらわれた。

実を言うとその疑問はいまだにすっかり解消したわけではない。しかし、恐らくは緒方と過ごす時間の愉快さが、聞き書きをすすめるぼくにそれをしばし忘れさせてくれた。あるいは、ぼくを居直った気持ちにさせた。

ぼくは長い時間、游庵と呼ばれる彼の自宅の離れに、囲炉裏を隔てて彼と向かい合って坐った。ある時には、凪いだ海にさざ波ひとつなく、あたりには夏ミカンの香りが漂っている。開け放した縁側から入る潮風が心地よかった。ある時には、庭一面をうっすらと粉雪がおおって、凍てつく空に星が輝いている。ぼくは囲炉裏にのりだすようにして暖をとった。さわ子さんが運んでくれる新鮮な海の幸を次々にたいらげながら、ぼくらは酒を酌み交わし、語り合った。すぐ家の前の岸壁から海へと放尿しにいくのを除いては、一日中坐りっぱなしというのも珍しくなかった。

時には緒方夫妻が漁に出るのにつき合わせてもらった。捕ったばかりのタチウオとか、アジとか、イカのさしみのうまかったこと。

ぼくの耳に緒方の言葉は新鮮に響いた。ぼくが知っている日本の言語生活の中ではめったに出会うことのできない不思議な透明感がそこにはあった。一体それは何に由来するものなのだろう?

彼を最初に訪ねた頃、ぼくはカナダの生物学者で環境運動家のデヴィッド・スズキと日本の環境問題や少数者問題について本を書くための取材をしていた。それを念頭において、ぼくは緒方についての最初のレポートを英語で書いたが、スズキは早速これに敏感に反応した。また一九九五年の十一月にはカナダのバンクーバーで開かれた少数者問題についての会議で、ぼくは緒方について英語で話をする機会があったが、この話に一番注目したのはカナダ先住民の出席者だった。これらはどちらも日本の文脈の中からは出てきにくい反応だとぼくには思えた。

スズキはまず「補償」という問題についての緒方の考え方を、自分自身が日系三世として体験した補償《リドレス》問題に照らし合わせて評価した。米国では七〇年代から、カナダでは八〇年代から日系三世を中心に強力に進められたリドレス運動は、太平洋戦争中の米・加両国政府による日系人の強制的総移動・収容の措置が、〝軍事的必要性〟なる当局の弁明にも関わらず、実は人種差別主義にもとづく人権の蹂躙《じゅうりん》であったことを告発した。その結果、一九八八年には両国で相次いで、政府による公式謝罪と生存者個々人への金銭による象徴的《シンボリック》な賠償のふたつを主軸とした、政治的解決《セトゥルメント》が達成された。スズキはこのリドレス運動に協力しながらも、「もしこの運動が単に日系人への補償を目的とするものなら自分には何の興味もない」として一線を画し、また八八年のセトゥルメントを「先住民をはじめとする被抑圧グループのリドレスを励ますもの」として歓迎しながらも、自らは金銭の受けとりを拒否した。

補償（特に金銭によるそれ）をめぐって、日系人社会の内部にさまざまな軋轢《あつれき》が生じたことは否定できない。金を受けとる時に何かが決定的に失われる、というのは緒方ばかりでなく、スズキの実感でもある。「患者」や「被害者」としてではない「人間」としての自分を取り戻そうとする緒方の姿勢は、社会的文化的な文脈を超えた普遍性をもつものとしてスズキの心に響いた。また、環境運動家として世界的に知られるスズキは、「金と引き換えに失われる何か」の「何か」が、「自然とともにある自分」だとする緒方の考え方に共鳴している。科学技術文明の中で、母なる大地は資源と見なされ、金に換算されうるものとなった。ここに現代の地球環境の危機の原点があると、スズキは考えているからだ。

先に触れたバンクーバーでの会議に出席した先住民の女性映画作家ロレッタ・トッドは、会議以来、緒方についてドキュメンタリー映画をつくることを考えている。彼女にとって、緒方の言う「システム」や「しくみ」は、インディアン居留地という場所から見るとわかりやすい。そこでは、多くの先住民たちが文化と自然から引きはがされて、仕事もなく、専ら白人社会の「福祉」に依存する生活を余儀なくされている。そこには、貧困ばかりでなく、アルコール依存症、家庭内暴力、犯罪、自殺といった社会的疾病が蔓延していることが多い。居留地の〝自治〟を司るものとして白人政府から与えられた「部族会議」などの機構も、自治を促進するどころか、住民を無力化し、外への依存度を高める役割を果たすものとしてしばしば批判を浴びている。

こうした危機が進行する中で、先住民の真の自治をめざす動きが盛んになっている。白人を糾弾し、「補償」や「福祉」を要求し、一層白人社会への依存を深める、という悪循環をどこかで断ち切ることとの必要性が、今、北米のさまざまな場所で真剣に議論されている。映画作家のトッドは、この文脈の中に緒方を——そして彼の「文明の危機は自分の危機」「自ら梯子を外す」「もよって還る」といったメッセージ——を置いてみたいと考えたわけだ。言うまでもなく、「我々は、海、山、河、草、木を離れてはならない土着の民なのである」という緒方の言葉は、先住民にとって、祖父母の唄った子守唄のようにも親しく、澄みきった響きをもっているだろう。

もうひとつ、緒方正人の言葉について考える際、ぼくは彼の「言葉遊び」に注目したい。彼が、水俣・東京展実行委員会の会議に招かれて講演した時のこと。講演の終わりに彼はこう言った。

「これからも東京へ出てくる機会があるでしょう。みなさんから支援ではなく御縁をもらえたら幸いです」。

「支援」と「御縁」の関係を理解するには、次のような緒方流言葉遊びがその背後にあることを知っておく必要があるだろう。

「御縁が支援（縁）になり、支援が散縁になり、散縁が任縁になり、任縁が一円になる」。つまり、五円が一円へとだんだん値下がりし、中身が空疎になっていくというわけだ。一見ただの洒落や語呂合わせに見えるこの言葉遊びには、しかし水俣病をめぐる運動の歴史と自分史を重ね合わせるようにして考えてきた者の思考の道筋が凝縮されている。

緒方はまたある時、野仏を埋立地に置く計画についてぼくに語る中で、こう言ったことがある。

「俺ははじめ、ただ石を置こうと思っていたんです。それは『意志の書』と同じ意味で、自分の意志《いし》を試し、残すというメッセージを表すのに、石《いし》を置くのがふさわしいと思ったから。それと、足尾銅山事件の田中正造さんが亡くなる時、ずた袋の中に、はな紙と一緒に小石を数個もっていたこともイメージとして俺の中にあった。水俣病発生の当時、たくさんの猫がイヲを食って狂い死にしたでしょ。その猫の姿を石に彫ってチッソ正門におきたいなあと思ったこともありました」

自分の過去を振り返る時、家出が実は出家だったのであり、権利の主張が実は利権の主張だったことに思い当たる。そういえば、北米のインディアンのスラングに福祉を意味する「フェアウェル」という言葉がある。福祉《ウェルフェア》をひっくり返して、フェアウェル（さようならの意）としたわけだが、このちょっとコミカルな言葉遊びにも、福祉という「しくみ」にとり込まれてきた者たちの複雑な思いが織り込まれている。

言葉を吟味して遊ぶのが楽しいと緒方は言う。「ものは考えよう、とよく言うでしょ。俺、この言い方が好きです。ともすれば物事は一面的に見える。それをいろいろな側面から見えるようにしたい。すると物事がもっている循環運動も見えてくる」。また彼は自分の言葉遊びを説明するのに、「相対化」とか「自己解体」とかの表現を使うこともある。

一九八五年に緒方が経験した「狂い」のごく初期に、彼がある人との会話の中で親しい人々の名をあげて、例えば「川本さんの名は川がもと」、「土本さんの名は土がもと」というふうに、「人の名前には人間世界の希望とか願いとかが託されていて、そのそれぞれがどこかでつながっているんじゃないか」（本文一二八頁）と語ったという事実にも僕は注意を向けたい。これは「狂い」と言葉遊びとの間にある密接な関係を示唆しているだろう。「狂い」の中で緒方は物事の多面性や、循環性や、連続性を見せつけられたのだった、そこでは、通常の世界が解体され、言葉はバラバラになり、変形し、ひっくり返ったり、新しい組み合わせをうみ出したりする。そしてそれが緒方の言う「ヒント」あるいは「ヒントのヒントの、またヒント」となって、彼を激しく揺さぶり続けるのだった。こう考えれば、あの緒方の「狂い」は一連の巨大な言葉遊びだったのだといえるかもしれない。また逆に、彼は日々の言葉遊びによって、「狂い」をささやかになぞってみているのかもしれない。

ぼくは、緒方の「狂い」を理解できる者ではない。それについて想像をめぐらすことができるだけだ。そしてその際、北米のインディアンの伝統社会に見られる「ヴィジョン・クエスト」にそれを重ね合わせてみるのが好きだ。ヴィジョン・クエストでは例えば、若者が成年するにあたって、何日もひとりで荒野をさまよってさまざまな試練をくぐり抜け、疲労と空腹の極地で白日夢《ヴィジョン》を得て、以後、そのヴィジョンに導かれて自分のアイデンティティを確立してゆくといわれる。映画作家のトッドもまた、緒方の「狂い」を一種のヴィジョン・クエストと考えて、そのことに何の疑念も抱いていない様子だった。

そこまで言えるなら、もうひとこと、緒方を現代のシャーマンだと言えないわけはないはずだ。近代的知性が〝幻想〟として軽視し、〝未開の心性〟として侮り、あるいは〝狂気〟として封じ込めてきた領域が秘めていたはずの豊かな可能性について、緒方の語りはぼくに思い出させてくれた。また、あの言葉遊びを緒方流シャーマニズムに特徴的な儀礼だと考えることもできる。彼は言う。「航空写真で見ると、水俣の埋立地はタツノオトシゴの形をしてる。つまりね、これは文明の落とし子なんです」(本文二五九頁)。そしてその埋立地に置かれる石仏は、沖縄の御嶽《うたき》の石であり、田中正造の石（意志）であり、彼自身の意志（石）でもある。

ここにあるのは通常の意味における論理的なつながりではない。しかし、彼の言い方を借りて言うなら、魂の伝承というものはこうした儀礼的な形をとるしかないのではないか、彼の父親が自分の額と幼い子どもの額をこすり合わせて、まるで「種蒔きのような感じで」魂を伝えようとしたように、ある種のメッセージは論理ではなく、祈りによってしか伝わらないものではないだろうか。

さて、緒方正人の言葉から受けた強烈な印象について、ぼくなりの感想を述べてみた。後は、彼と過ごした時間の愉しさが、本書を通して少しでも読者に伝わるようにと、それこそ、祈るしかあるまい。

雑誌『思想の科学』に一九九五年六月号から九六年三月号まで十回にわたって連載されたものを一冊にまとめたのがこの本である。そのもとになる聞き書きは九四年の春から九五年の夏にかけて主に語り手である緒方正人の自宅で行われた。

まず、連載をしてくださった『思想の科学』のみなさんに感謝する。特に秩父啓子さんは当時の編集者として、この企画を奨め、励ましてくれた。連載を通じてこの雑誌の五十周年に参加できたことを光栄に思う。

聞き書きと連載の期間をとおして、明治学院大学国際学部付属研究所から、所員としてさまざまな支援をいただいた。聞き書きの過程では、藤本進さん、藤本あき子さん、大沢忠夫さん、松本めぐみさん、松尾美紀さんに、その後のテープおこしなどの作業で、萩原佳代さん、金子頼子さんにお世話になった。単行本化にあたっては、財団法人水俣病センター相思社のみなさんに資料提供などの便宜をはかっていただいた。これらの方々にお礼を申し上げる。

今年は水俣病公式確認四十周年。この年にこの本が出るというのも、何かの縁だろう。縁といえば、世織書房との縁をつくってくれたのは『現代詩手帖』編集部の林桂吾さんだった。世織書房はこれまで水俣病問題に関係する良書を世に送ってきた経験を生かして、ぼくを導いてくださった。特に、ぼくが海外に出ていることもあって、編集者の戸来祐子さんには大変お世話になった。また石牟礼道子さんが寄せてくださった美しい序文のお陰で、ぼくは本書の中にふたつの魂がこだまのように響き合うのを聴く思いがする。

緒方家での滞在はいつも快適で楽しいものだったが、それは、緒方が五十億人の中から選んだという妻の緒方さわ子さんのお陰である。御家族が、東泊が、沖が、女島が、海と山に抱かれていつまでも健やかでありますように。

一九九六年春　バンクーバーにて　辻 信一

増補熟成版への「あとがき」

「あとがき」のマナーには外れるかもしれないが、ぼくが二〇〇四年に書いた次の文章をまず読んでいただきたいと思う。それは、「あの夜、ぼくは水俣の海辺へ加勢に行った」と題され、二〇〇五年冬号の雑誌『環』〈新作能「不知火をめぐって」〉に掲載された文章である。緒方正人が好きな「加勢《かせ》」という言葉が、今でもぼくの気分をよく表してくれているように思うから。

……かんじんなことは、目に見えないんだよ。(『星の王子さま』より)

肌寒い雨の横浜から九州へ向かう間中、水俣の天候が気になっていた。博多駅に降り立った時には、その猛烈な湿気と暑さに驚いた。まるで、二週間前に滞在していた沖縄の離島、西表《いりおもて》みたいだ。しかも、晴れている。緒方正人の自信に満ちた顔が目に浮かぶ。それは「ほら、言っただろ」と言わんばかりだ。水俣に近づくにしたがってますます青空が増してゆくようでさえある。

不思議だ。台風がやってくる方角に向かって列車は進んでいるはずなのに。

新水俣駅に着く直前、降車口のところで後ろから声をかけられた。熊本市に住む知り合いだった。「今日はお能のためにわざわざ?」「ええ、加勢しに来ました」「それはご苦労様」。ぼくはこの「加勢」という言葉が使いたかったのだ。それを使うことができてホッとした。何かこれで、自分が今ここにいるということを納得できる気がする。

会場の埋立地に向かうタクシーの中で、何も知らない運転手に今日の催しについて説明する。妙な気分だが、加勢人だから仕方がない。「へーえ、あげんところで能ですか」。

タクシーを降りるとそこに緒方正人がいた。羽織、袴で盛装した彼を見るのは初めてだ。この暑い夏を経て一層日に焼けた顔の皮膚にも、興奮の色が隠しようもなくにじみ出ている。そそくさと動くさまは、まるで結婚式直前の新郎みたいだ。

「正人さん、台風は……」と、ぼくが言いかける。すると彼は勢い込んで「そう、念力で押さえ込んであるけん」と応じて、背後に広がる不知火海の方を指さす。陽は西に傾き、青空に浮かぶ雲はみるみるうちに色を帯び、あたりのものはみな濃い隈どりをもち始める。光り輝く海の中に、夕焼けを背負った恋路島が黒々と横たわり、こちら岸には能舞台が息をひそめるようにして日の入りを待っている。

開演までまだ時間がある。ぼくは群集から離れて、水辺でひとり鮮やかな夕焼けを眺め、振り返ってはモ生に立ち並ぶ石の野仏たちが赤く染まってゆくのを見た。そして、かつてこのあたりをともに歩いては緒方正人と交わした会話を思い出していた。

今ぼくが立っているのは、ほんの十数年前に埋立てられるまでは海だった場所。水俣病を引き起こしたチッソ水俣工場からの廃液がヘドロとなって海底に堆積したのもここ。正人はこの埋立地を「苦海の墓」と呼び、一九九〇年、そこを舞台として構想された開発計画に対しては、「水俣病事件を無きものにせんとする謀略」として反対し、熊本県知事と水俣市長にあてて、これに「身命をかけて闘う」とする「意志の書」を発したのだった。

さらに一九九五年初め、正人は石牟礼道子ら有志とともに「本願の会」を結成、その発足にあたっての挨拶で、「魂たちが集う場所」である埋立地の草木の中に野仏さまを祀り、終生の祈りの場とすることを呼びかけた。彼は言った。「私どもは、事件史上のあるいは、社会的立場を超えて、ともに野仏さまを仲立ちとして出会いたい、その根本の願いを本願とするものでございます」。

同じ一九九五年の六月、正人は沖縄へ旅をして、写真家で民俗学者の故比嘉康雄さんの案内で、森に囲まれた聖地、御嶽《うたき》を巡った。そして彼は受難の地としての水俣湾の埋立地が、現代の御嶽として蘇るというビジョンを得た。

日が沈み、夕焼けの空が急速に色を失っていく。虫たちが一斉に鳴き始める。呼びかけ人として緒方正人がまず挨拶に立つ。作者、石牟礼道子の挨拶がそれに続く。深まる闇の中に溶け始めていた舞台背後の恋路島が照明を受けて一挙に浮かび上がる。その近さがぼくたちを驚かせる。「今、私たちがいるこの場はかつて生きものたちが豊かに栄えた海だった」と語る正人と石牟礼の言葉が、静けさの中に余韻となって留まっている。準備怠りないことを確認するとでもいうように、一羽のサギが飛来して頭上を旋回すると、急に速度を上げて南へ飛び去った。

恋路島について正人はぼくにこう語ったことがある。昔ハンセン病患者を隔離するために使われたこともあったが、その後は無人島として自然のままの姿をとどめている。水俣病事件のおかげで開発の手が届くこともなく、埋立地が目の前まで迫った今も原始の森をそのまま残している。ここにあってずっと水俣という場所で起こってきたことの一部始終を、静かに見守ってきた。それは聖なる島だ、と。

能舞台が佳境に入る頃、月が我々観衆の背後、うすい靄のカーテンの向こうに現れる。上空に星がひとつ。ドラマが急展開して舞台が華やぐ。もう夜の闇は深い。やがて雲がほどけて星が増えていく。照明が暗くなる度に、舞台上の夜光虫の精霊たちがそれぞれささげもつふたつの光の玉が浮かび上がる。怪物が舞台に登場して石を打ち合わせる。ぼくは子どものようにうきうきし始める。主人公である不知火《しらぬい》の弟、常若《とこわか》からぼくは目が離せなくなる。どこかで見たことのあるその清らかな姿は、『星の王子さま』そのものではないか。いつの間にか、舞台が背後の海や恋

新作能「不知火」開演前、挨拶に立つ正人（撮影・芥川仁）

路島と溶け合って、ひと連なりの時空をつくっている。ぼくは突然、目に見えないものを見ているのだということを了解する。

そしてその時、ぼくはもう一度、十年前の正人の予言を思い出した。「わがふるさとである不知火の海が、悪魔の降り立つ場所として選ばれたというのは本当のこと。しかしです。悪魔が降り立つ場所というのは、同時に神が降り立つ場所でもある。いや、そうしなければならんのです」。（本文二六一頁）

＊　＊　＊

本書には長い来歴がある。その過程を通して実に多くの方々のお世話になった。そのお名前を今ここに列挙することはしないが、改めて心よりお礼を申し上げたい。まず本書の基になったのは雑誌『思想の科学』での一九九五年六月から一九九六年三月までの連載である。それに書き下ろしを加え、『常世の舟を漕ぎて—水俣病私史—』（世織書房）という単行本として出版されたのが一九九六年。次に、この世織版に新たな聞き書きを加え、また全体に少なからぬ変更を加えた上で、英語に翻訳され、叢書〝Asian Voices〟（Series Editor: Mark Selden）の一冊として二〇〇一年にアメリカで出版されたのが *Rowing the Eternal Sea: The Story of a Minamata Fisherman* (Rowman

& Littlefield）である。二〇〇〇年には雑誌「週刊金曜日」にも特集記事として新たな聞き書きが掲載された。

二〇〇〇年代に入って世織版は品切れ、絶版状態となり、入手が困難になっていった。再刊の話をいくつかの出版社や編集者からいただいたが、どれも具体化しないまま時がすぎた。二〇一一年三月の東日本大震災と福島の原発事故を経て、今こそ日本語版を蘇らせて、再び緒方正人の言葉を世に問いたいという思いはつのったが、しかしこれまたさまざまな理由によって、再刊計画が先延ばしとなり、ようやく本書の出版に至る具体的な作業を開始したのは二〇一八年二月であった。そして、今こうして、一昨年二月、本年一月の新しい聞き書きをも加え、ようやく本書が出来上がることとなった。雑誌連載から、二十五年間をかけてじわじわとでき上がった本書を、単なる「増補版」ではなく、「熟成版」と呼ぶ所以である。

もちろん、これほどまでに時間がかかってしまったことについて、自らの不甲斐なさを感じないわけではない。しかし、わが師でもある思想家のサティシュ・クマールが言うように、何事にも遅すぎるということはないのだろう。「私が到着した時こそがちょうどいい時なのだ」。この二十数年とは、世界の危機がぼくの想像をはるかに超えるペースで深まりゆく月日だったが、それは同時に、緒方正人の思想が着々と深まり熟成していく日々でもあった。こうして今でも、その彼の身体からほとばしり続ける言葉を書き留め、それをひとりでも多くの人に送り届けるという仕事に「加勢」できることはぼくにとってこの上ない歓びだ。

『思想の科学』での連載以来、『常世の舟を漕ぎて』という本が歩んだ〝旅〟の先々で、さまざまなご縁をいただいた多くの〝加勢人〟のみなさんに感謝したい。ここではただほんの数名の名前を記すにとどめさせていただく。英語版の翻訳を手がけた、日本研究者で翻訳家であるカレン・コリガン＝テイラーには翻訳だけでなく、編集でもお世話になった。世織版に「序」をプレゼントしてくださった今は亡き石牟礼道子のもとに本書をお届けできないのは残念だが、きっと常世にて喜んでくださっていると思う。心の通う友人たちの励ましと協力なしに、本書の刊行は実現しなかった。特に編集・制作・出版を引き受けてくれた上野宗則とＳＯＫＥＩパブリッシングの皆さん、二十数年来の最も良き読者であり、今回すすんで編集に協力し貴重な「解説」を本書に添えてくれた中村寛に感謝する。

最後になったが、スローなぼくに愛想を尽かすこともなく、長い間辛抱強くつき合ってくれた緒方正人に謹んでお礼を申し上げる。彼の存在は今も灯台のように、暗い世界に一条の光を投げかけている。

二〇二〇年二月　横浜にて　辻　信一

常世の舟を漕ぎて（撮影・宮本成美）

索引

緒方正人（おがた・まさと）

不知火海漁師。一九五三年、熊本県芦北町女島生まれ。六歳の時、父・福松を水俣病で亡くす。自身も水俣病を発症しながら、家業の漁師を継ぐ。七四年、水俣病の認定申請を行い、水俣病認定申請患者協議会（申請協）に入会。認定訴訟闘争のリーダー的存在であった川本輝夫と、認定申請・補償訴訟運動を展開する。八一年、申請協の会長に就任するも、認定と補償を求める運動のあり方に疑問をもち、八五年、会長を辞任。三か月間、自ら〝狂い〟と呼ぶ時期を過ごした後、認定申請をとり下げた。八七年、木造の舟「常世の舟」を完成。水俣まで舟を漕ぎ、チッソ水俣工場正門前で、たった独りの坐り込みを行なった。以来、水俣病の被害者としてではなく、文明社会におけるいのちの加害者を自認しながら、水俣病事件に対するお金ではない償いのあり方、加害者と被害者を超えた関係性のあり方などを問い、表現し続けてきた。現在も、不知火海で漁師を営みながら、いのちの思想を人々に伝えている。著書に『チッソは私であった』（葦書房、二〇〇一）がある。

辻 信一 (Keibo Oiwa)

文化人類学者。自己と社会のホリスティックな変革を目指す環境＝文化運動家。「ゆっくり小学校」〃校長〃。カフェ「ゆっくり堂」店主。一九九九年、当時の学生や友人たちと「NGOナマケモノ倶楽部」を結成。以来、「スローライフ」、「キャンドルナイト」、「ハチドリのひとしずく」、「GNH」、「しあわせの経済」などのキャンペーンを展開してきた。二〇二〇年春、明治学院大学国際学部教員を退任。著書に『スロー・イズ・ビューティフル』（平凡社）、『ゆっくりノートブック』シリーズ全八巻（大月書店）、『弱虫でいいんだよ』（ちくまプリマー新書）、『よきことはカタツムリのように』（春秋社）、『ナマケモノ教授のぶらぶら人類学』、『ゆっくり小学校―学びをほどき、編みなおす』（SOKEIパブリッシング）など著書多数。映像作品にスローシネマシリーズ（DVD全八巻）がある。趣味は歩くこと、俳句、ヨガ、瞑想。落語家として、ぼちぼち亭ぬうりん坊を名のる。

常世の舟を漕ぎて　熟成版

二〇二〇年三月三十一日　第一刷発行

著者　緒方正人　辻信一
発行者　上野宗則
発行所　株式会社素敬
SOKEIパブリッシング
山口県下関市椋野町二―一一―二〇
〇八三―二三二―一二二六
http://yukkuri-web.com

編集・デザイン　辻信一　中村寛　上野宗則
上野優香　福田久美子　久松奈津美
写真　宮本成美　芥川仁　辻信一　上野宗則
写真・資料提供　緒方正人　㈶水俣病センター相思社
協力　吉村純　吉村智美　中村涼子
㈶水俣病センター相思社
水俣市立水俣病資料館
株式会社藤原書店・『環』編集部

印刷・製本　瞬報社写真印刷株式会社

ISBN978-4-9910816-2-0